AF324503

LE SECRET

DES
SECRETS
GÉOMÉTRIQUES:
OU LA
QUADRATURE
DU CERCLE

Et la Trifection de l'Angle démontrées par des principes infaillibles. (Invention recherchée depuis plus de trois mille ans.)

OUVRAGE utile, & néceſſaire même, dans l'Aſtronomie, la Géographie, la Trigonométrie, le Génie, la Guerre, l'Architecture, la Sculpture, le Pilotage, la Gnomonique, le Toiſé, l'Arpentage, & généralement, dans tous les Arts de combinaiſon.

Par P. DURVYE, Curé de la Futelaye, Diocèſe d'Evreux.

PREMIERE PARTIE.

A EVREUX,

Chez la Veuve MALASSIS, Imprimeur du Roi, & de Monſeigneur l'Evêque.

M. DCC. LXXIV.

Avec Permiſſion.

L'ouvrage se vend en gros chez Mde la veuve Malassis Imprimeur à Evreux.

On peut aussi s'adresser à l'Auteur, dont l'adresse est à la fin du volume : mais on prie les personnes qui écriroient, d'affranchir leurs lettres.

PRÉFACE.

CE ne font ni le nom, ni les grandes qualités qui font les grands hommes : Ce ne font point les Savans qui font la Science ; mais la Science fait les Savans, & les grands hommes méritent les grands titres. Si, donc, je n'offre au lecteur aucun des glorieux attributs de Docteur, de Profeſſeur, d'Académicien, d'Orateur, ou de Grammairien ; il ne doit point en conclure que ce que j'enſeigne en ſoit moins ſage ou moins vrai. Les petits particuliers peuvent faire de grandes découvertes. Pierre Schœffer, *un Cler* de Jean Fauſt, a inventé les Lettres mobiles & l'encre à imprimer : des Écoliers, ont, les premiers, donné l'idée des lunettes à longue-vue : Jacques Métius, n'a été que l'exécuteur & leur copiſte : un Berger, & un autre Berger ont, dit-on, trouvé, l'un le plâtre, & l'autre l'aimant : on lui doit donc, en quelque ſorte, l'invention de la Bouſſole. Chriſtophe Colomb, qui fit, le premier, la découverte d'un autre Monde, n'étoit fils que d'un Cardeur de laine. La Poudre à canon, les Bombes, le Fuſil, les Horloges, les Moulins, les Preſſoirs, les Forges, le Compas, la Lime, le Rabot la Navette, & mille autres découvertes utiles, ſont plutôt l'invention des particuliers, ou de ſimples Artiſtes, que l'ouvrage des Philoſophes ſpéculatifs, qui, donnant beaucoup de leçons, ne pouroient quelquefois meſurer un jardin octogône, lever le plan de leur maiſon, ni ſe faire un cadran.

Les célebres Deſcartes, Locke, Copernic, Galilée, Paſchal, Arnauld, & pluſieurs autres, qui n'étoient d'aucunes Académies, n'en n'ont pas été moins utiles à la République des Sciences.

Ceux qui ſont naturellement Philoſophes, méditent, inventent, eſſaient, propoſent : ils cherchent le miel fur les ronces ; ce font les abeilles parmi les Savans. Ceux dont la condition , la place , ou la fortune font la fageffe , ou qui ne font Philofophes , qu'artificiellement , & à prix d'argent , en critiquant ceux-ci , jouiffent de leurs travaux ; ce font les Frélons.

Les Inventeurs ne jouiffent que très rarement , pendant leur vie , de leur renommée , ou de la ré-compenfe qu'ils méritent. Ils faut que leurs ouvrages, pour être cenfés utiles , paffent par les mains de cer-tains Plagiaires , en crédit , qui n'ont la peine que de varier les couleurs. Il n'eft point rare , même , qu'un Inventeur foit un fujet de rifée , ou qu'il de-vienne un objet d'envie , de haine & de mépris. Colomb fut regardé comme un vifionnaire. Léibnitz , mourut de chagrin de l'injuftice que lui firent des Commiffaires , nommés , qui jugérent que le calcul différentiel , qu'il avoit inventé , n'étoit pas fon ou-vrage. Les Inventeurs de l'Imprimerie furent traités à Paris , de forciers & contraints de s'enfuir. Galilée fut cité à l'Inquifition , mis en prifon & , *par grace* , chaffé de Rome , pour avoir dit que la terre tournoit. C'eft prefque toujours le fort de ceux qui donnent du nouveau , d'être les victimes de la raillerie & de la jaloufie ; parce que la plupart des hommes font à l'égard de la fcience , ce qu'ils font en fait de reli-gion ; chacun croit en avoir affez , & ne connoit fon indigence , qu'après s'être enrichi des tréfors qu'il fouloit aux pieds. On fe défait difficilement de la routine & de la prévention , on a de la peine à bruler l'idole qu'on a coutume d'encenfer.

Tout cela ne doit point déconcerter un homme qui fait le bien , pour le bien ; ni refroidir le zèle de celui qui veut obliger. Il doit fe fouvenir que le bien public eft préférable à l'intérêt particulier , & que cha-que membre doit fervir le corps. S'il ne jouit pas im-médiatement , de l'honneur ou de la récompenfe qui lui font dûs , c'eft un dépôt qui lui eft retenu , & dont la société n'eſt jamais déchargée, qu'elle ne l'ait remis avec intérêts.

C'eſt ſur ces conſidérations que je me ſuis enfin déterminé à rendre public ce que j'avois réſolu de tenir caché. J'ai mieux aimé me rendre aux preſſantes ſollicitations des ſages, qui m'ont fait l'honneur de m'écrire de toutes les parties de la France, que de les priver d'un bien que la providence ne m'a peut-être confié que pour leur en faire part.

Je vous l'offre donc, mon cher lecteur, & je vous fais le dépoſitaire du fruit de mes veilles. Je ne me flatte point du grand ordre, ni de la belle élocution. Le génie de la méthode & celui de l'invention ſont deux choſes. Je ne me donne point pour un Dialecticien de profeſſion, mais ſeulement pour un homme qui joint le principe aux conſéquences. Je ſais bien qu'un ſavant eût donné à mes découvertes des graces qu'elles n'ont pas ; mais le lieu, le ſujet & les circonſtances, ne m'ont pas permis d'en trouver un en qui je puſſe avoir une pleine confiance. Ce n'eſt point ma faute ſi je ne ſers pas mieux le public, je le ſouhaitois de tout mon cœur.

Je ſouhaitois auſſi dédier ce petit ouvrage à Très-Puiſſant, Très-Auguſte & Très-excellent Prince, MONSEIGNEUR LE COMTE D'EU ; perſonne n'eſt plus en état d'en juger que ſon Alteſſe Séréniſſime, & rien ne pourroit faire plus d'honneur à cet ouvrage, que le ſuffrage d'un Illuſtre Prince, dont la juſtice & les rares talens, égalent la piété & les bontés : Mais ſi ces découvertes ſont dignes d'un de ſes regards ; certaines circonſtances ne m'ont pas permis de les lui préſenter. Je me contente donc d'exprimer mon déſir pour marquer mon profond reſpect & ma reconnoiſſance.

Soit que le lecteur faſſe uſage des principes dans la pratique ; ſoit que ce ſoit pour lui un objet de ſimple ſpéculation ; il eſt prié de faire attention à ce qu'il en a dû couter à l'Auteur, pour marcher avec clarté dans une voie si ténébreuse, & pour arriver au Port, au travers d'une mer pleine d'écueils. Il le comprendra d'autant mieux, qu'on lui laisse quelques opérations à faire, afin que l'expérience le rende en état de juger avec plus de connoissance : mais cette connoissance est d'autant plus facile à acquérir, que toutes sortes de personnes peuvent faire des expériences, soit par les poids le calcul ou le compas : car il n'est pas jusques à un Facteur de bois, un Charpentier, un Menuisier, un Tourneur, un Charon, un Serrurier, un Armurier, un Maçon, même, qui ne puisse, en quelque sorte, vérifier les principes, & se les rendre quelquefois utiles.

AVERTISSEMENT.

ON a divifé cette Partie en cinq Sections La premiere contient un abrégé de la Géométrie avec des remarques particulieres fur la conftruction des quarrés, des triangles & des cercles. On a cru devoir commencer par donner une idée de la Géomérie à ceux qui ne la fauroient pas, afin qu'ils puflent entendre facilement la fuite. Ceux qui font grands Mathématiciens, trouveront peut-être ce commencement trop fimple pour eux ; mais ils doivent favoir que tous les hommes n'ont pas tous un génie fupérieur. Il eft d'ailleurs, plus facile aux Aigles de s'abbaiffer, qu'à la Colombe de les imiter. C'eft pourquoi je fuis defcendu, peut-être encore au deflous de moi.

On a raffemblé dans la feconde Section, les différens fyftêmes des Philofophes qui ont traité du rapport de la circonférence au diametre. On y fait voir, autant qu'on le peut, la caufe de leurs erreurs, & les inconféquences de leurs principes. Il a encore paru néceffaire de faire entrer dans ce volume ces différens fentimens, afin de voir ceux-ci en paralleles avec ceux de l'Auteur pour en juger par comparaifon.

La troifieme Section renferme les principes fondamentaux, autant qu'ils font réductibles au calcul. On y a donné plufieurs méthodes fur des mêmes fujets, afin de faire voir la vérité fous plufieurs faces ; mais elle eft toujours une, & toujours la même. On y a inféré plufieurs problêmes, afin que la pratique en devînt plus facile. Le lecteur eft conduit au mêre objet par différens chemins, pour le rendre plus familier avec ce que l'on effaye de lui faire connoître. On y cite des expériences méchaniques, afin que les plus fimples puiflent fe fatisfaire. Ce qu'il y a de vrai, c'eft qu'il n'y a ici ni prévention, ni rufe, ni furprife.

Si on ne les a pas réduites en figures, c'eſt pour don-
à l'amateur d'expériences, la ſatisfaction de voir la
vérité naître, pour ainſi dire, de ſon travail, & ſortir
de ſes mains.

On fait dans la quatrieme, ſur les ſolides, ce que
l'on a fait dans la troiſieme ſur les figures planes.
Cette Section peut être regardée comme l'abrégé de
la Stéréométrie, comme la troiſieme en eſt un de la
Planimétrie, & la premiere de la Longimétrie. On a
donc, ſans s'éloigner de ſon ſujet, embraſſé les trois
parties de la Géométrie pratique.

La cinquieme fait l'application des principes à
différens objets. On y découvre des erreurs ordinaires
dans le toiſé, en donnant la méthode de le rendre
exact. Dans ces trois dernieres Sections, qui ſont les
vraies découvertes de l'Auteur, on n'y demande grace
de rien, il n'y a point *d'à peu près*, *d'environ*, &c.
tout y eſt d'accord, & jamais rien de plus ni de moins.

PREMIERE SECTION.

D'une espèce de calcul propre à l'Auteur.

I. **L**A Quadrature du Cercle & la trisection de l'angle, exigeant, en quelque sorte, que l'on pénétrât l'infini, il a fallu inventer une espèce de calcul, infinitésimal, qui est le même que celui des Décimales, sinon que l'on y divise le tout, primaire & ses fractions de douze en douze, ainsi qu'il suit. Exemple.

On sait qu'un pouce est la douzieme partie d'un pied; qu'une ligne est la douziéme partie d'un pouce : je continue de même à l'infini. J'appelle donc la douziéme partie d'une ligne une *minute.* la douziéme partie d'une miunte, une *prime* : la douziéme partie d'une prime, une *seconde* : la douziéme partie d'une seconde, une *tierce*, ou troisiéme, & ainsi en continuant une *quatriéme, cinquiéme, sixiéme, septiéme, huitiéme, neuvieme, dixiéme*, & le reste tant qu'il est besoin. Observez qu'une minute quarrée, n'est que la 144eme. partie d'une ligne quarrée, puisque si on divisoit chaque côté d'une ligne quarrée en 12, il se formeroit 144 petits quarrés qui admettroient déjà, à peine, le passage d'une éguille ; jugez qu'elle doit être une dixiéme quarrée. Une prime quarrée est déjà 20 mille, 736 fois moindre qu'une ligne quarrée, qui contient 20736 primes.

DES DÉCIMALES.

II Afin que ceux qui ne connoissent pas les Décimales, en ayent une juste idée, ils peuvent se représenter un tout que l'on divise en dix , & dont on divise toutes les parties en dix jusques à l'infini. On conçoit , par exemple , une perche divisée en dix ; cette dixiéme partie divisée encore en dix ; puis celle-ci encore en dix , & ainsi de suite , tant qu'il est besoin. La premiere division fournit des dixiémes , la seconde des centiémes ; la troisiéme fournit des milliémes ; la quatriéme des dix milliémes ; la cinquiéme des cent milliémes , &c.

Il est aisé de comprendre que si on divise chaque dixiéme d'une perche en dix parties , la perche se trouvera divisée en 100 parties : que si on divise chaque centiéme en dix , la perche sera divisée en 1000 parries & ainsi du reste.

On peut diviser , intellectuellement , toutes les lignes de la même maniere , les lieues , les perches , les toises , les pieds , les pouces & toute autre. C'est-là ce que l'on appelle le calcul *infinitésimal* qui est aisé , simple , & d'une très grande utilité. On veut savoir , par exemple , quelle seroit la surface d'un champ qui auroit 9 perches $\frac{5}{10es}$ $\frac{5}{10es}$ de dixiéme , d'un dixiéme de perche de longueur & autant de largeur. On place ses chiffres tout simplement , comme s'il n'y avoit point de fractions , on les multiplie , comme dans la multiplication ordinaire , en observant seulement de séparer par une virgule , les unités entiéres. Les chiffres qui sont à la droite , après la virgule , sont des Décimales , (ou fractions décimales.) S'il y a un chiffre à la droite , il exprime des dixiémes ; s'il y en a deux , ce sont des centiémes ; s'il y en a trois , des milliémes , &c. Exemple.

$$3$$

		9 perches	5 dix.	5 centiémes.
par		9	5	5

		4	7	7	5
	4	7	7	5	
8	5,	9	5		

9	1 p,	2 dix.	0 centié.	2 mil.	5 dix mil.

Le produit eft donc 91 perches , 2 dixiémes , point
de centiémes , 2 milliémes , 5 dix milliémes , ou ce
qui peut s'exprimer par 2025 dix milliémes , ou encore en difant deux primes , nulles fecondes , 2 tierces , 5 quatriémes.

III. Il eft aifé de comprendre que lorfque l'on multiplie , par exemple , 1 perche , 1 dixiéme de perche ,
par 1 perche , 1 dixiéme de perche , c'eft la même
chofe que fi l'on difoit 11 dixiémes par 11 dixiémes ,
ce qui feroit 121 petits quarrés de chacun un dixiéme
de perche de largeur , par autant de hauteur , & dont
il faudroit par conféquent 100 pour faire une perche ;
ainfi les 121 feroient une perche 2 dixiémes & un
dixiéme de dixiéme ; ce qui fe trouve par la regle.

		1 per	1 dixiéme
par . . . , ...		1	1

		1	1
	1	1	

produit	1	2	1 centiémes.

On peut difpofer fes chiffres d'une autre maniere
que je n'ai trouvée dans aucun auteur , quoiqu'elle fût
peut-être inventée , la voici : il faut ajouter autant de
zéros après le multiplicateur , qu'il y a de décimales ,
ou fractions , au multiplicande , & multiplier tout

4

uniment, en mettant le premier chiffre de la droite
fous le dernier zéro. Même exemple.

		9 per.	5 dix.	5 centiémes.		
par		9	5	5 (0	0	
			4	7	7	5
		4	7	7	5	
	8	5	9	5		
produit		9	1 p.	2,	0.	1,	5.

Obfervez que ces zéros ne font rien pour le nombre, n'étant ajoutés que pour fervir de marques. Cette
méthode me paroit plus facile, en ce que les unités
fe trouvent fous les unités, & les fractions fous chaque fraction de même nom.

IV. On peut faire les mêmes opérations par mon
calcul, *duodécimal*, en retenant aux douzaines tant
que l'on agit fur les fractions, & aux dixaines aux
nombres entiers. Exemple. Je veux favoir ce que
donne de furface le nombre 9 pieds 10 pouces 5 lignes 6 minutes par même nombre, ce qui s'appelle
élever un nombre à la feconde puiffance ou à fon
quarré. Ainfi j'écris

		9 pieds	10 pouces	5 lignes	6 minutes.
&		9	10	5	6 0 0 0
			4	11 2, 9, 0
		4	1	4, 3, 6
	8	2	8	7, 0
	88	10	1	6
produit	97 pieds	5 p	4 l	4 m 6 f 3 t

Comme il y a trois fractions au multiplicande, j'a-
joute trois zéros au multiplicateur. Je dis enfuite fix
fois 6 font 36, je pofe zéro & retient 3; 6 fois 5 font

30, &c. mais lorfque je dis 9 fois 9 qui font 81 ; avec 7 que je retenois, qui font 88, je pofe 8 & avance 8 ; parce qu'il s'y agit de nombres entiers, & non pas de fractions. Il eft à remarquer que dans ces fractions on prend 10 & 11 tout d'une fois, de même que lorfqu'on multiplie, additionne, ou fouftrait des deniers. Ainfi, dans l'occafion, on dit 10 fois 10, 11 fois 11, 10 fois 11, &c. Il eft encore à remarquer que lorfque le multiplicande principal eft compofé de dixaines, centaines, mille &c. cette derniere méthode n'eft pas facile. Car fi, par exemple, il y avoit 100, à la place de 9, il faudroit dire 6 fois 100, 10 fois 100, ce qui n'eft pas ufité. Il faut donc alors avoir recours aux parties aliquotes. Même exemple.

	9 pieds	10 p.	5 l.	6 minutes.
par	9	10	5	6

produit de 9 par 9	81			
pro. de 6 pouces.	4	11	2	9
pro. de 3 pouces.	2	5	7	4, 6
pro. d'un pouce.		9	10	5, 6
pr. d'un tiers de pouce ou 4 l.		3	3	5, 10
pro. d'une ligne.			9	10 5 6
pro. d'une demi-ligne ou 6 minutes.		4	11	2 9

Il faut maintenant faire parler les fractions du multiplicande au multiplicateur entier, 9 pieds

pr. d'un demi pied.	4 pieds	6 p.
pr. de 3 pouces.	2	3
pr. d'un pouce.		9
pr. de 4 lignes		3
pr. d'une ligne.		9
pr. de 6 minutes.		4 6

Produit total	97 pieds	5 p.	4 l.	4 m. 6 pr. 3 f.

On voit que c'est le même produit 97 pieds , 5 pouces, 4 lignes, 4 minutes, 6 primes, 3 secondes. Je ne me servirai que de ces deux méthodes ; de la premiere , quand le multiplicande principal ne sera pas plus haut que 9 , 10 , 11 , 12 ou 13 , que l'on peut multiplier tout d'une fois ; & de cette derniere, lorsque le multiplicande sera d'un plus grand nombre.

Je n'en dirai pas davantage sur la façon de calculer. Ce n'est pas à moi à donner de ces leçons. Je suppose mon lecteur un calculateur ordinaire & comme sachant les quatre premieres & principales opérations de l'Arithmétique , l'addition , la soustraction , la multiplication & la division. Je ne me servirai que de ces quatre regles , ou si je me sers de la regle de trois, ou de proportion, ce ne sera que très rarement. Si le lecteur est Mathématicien , il pourra vérifier mes opérations par les décimales , par l'algèbre , ou tel calcul qui lui plaira , je n'en crains rien : s'il ne l'est pas , il n'aura pas besoin d'examiner la disposition des chiffres dans le corps de l'opération ; il lui suffira de jetter un coup d'œil sur la conclusion , c'est-à-dire, de regarder le produit. Je ne m'aviserai pas de conclure à faux dans ces sortes d'opérations.

V. On pourroit me demander pourquoi je ne fais point usage des décimales ? je réponds 1° que la méthode dont je me sers est plus analogue à mon invention : 2°. quelle est aussi plus analogue à la mésure des lieues , des perches , des toises , des aulnes , des pieds , &c. qui toutes sont composées de pouces , de lignes , &c : En effet , il est plus facile de concevoir la douziéme partie d'une perche de 22 pieds , c'est-à-dire , 1 pied 10 pouces , que le dixiéme de ces 22 pieds qui seroit 2 pieds , 2 pouces , 4 dixiémes de pouce. Dailleurs , pour ne trahir jamais , ni dissimuler la vérité , je ne connoissois pas encore toutes les beautes des décimales , lorsque j'ai commencé mon ouvrage. Je ne jouissois pas encore du savant Mr. *Bezout* , qui auroit , peut-être , encore mieux fait

d'étendre

d'étendre davantage cette précieufe partie & de donner plus d'exemples numériques dans fon algébre ; furtout en faveur des petits génies comme le mien.

Je doute d'ailleurs que j'eufle réufli dans mon projet, fi je ne me fufle fervi que des décimales en premiere inftance Je penfe que c'eft la connoiffance & l'ufage trop fréquent de cette façon de combiner, favorable dans la pratique, qui a défervi les favans dans la recherche des vérités dont je veux donner connoiffance, Je leur dois l'aveu que, fi j'avois été aufli favant qu'eux, j'aurois fuivi la même voie, & que je me ferois égaré comme eux. Quoiqu'il en foit, ces décimales qui n'étoient pas commodes pour l'invention, pourront être rappellées à la pratique comme dans toute autre méfure.

DES POINTS.

VI. Pour prévenir les objections & bannir l'équivoque, j'explique les autres termes dont je me fervirai, ou qui y ont quelques rapports. Je diftingue trois fortes de points rélatifs aux objets dont on parle.

On peut, en parlant le langage des hommes, diftinguer de trois fortes de points. Le point *phyfique*, le point *géométrique*, & le point mathématique.

Le point *phyfique*, en ce fens, eft un point matériel, groffier, fenfible & palpable : telle feroit une borne par rapport à plufieurs piéces de terre ; une tour, eu égard à un Royaume ; une ville même dans l'univers. Ces objets font fi petits, étant pris relativement, qu'on peut les regarder comme un point.

Le point *géométrique* eft la plus petite furface que l'on puifle appercevoir des yeux. Telle feroit l'empreinte de la pointe d'un compas très fin fur du papier.

B

Le point mathématique n'eſt rien en lui-même ; il n'a ni longueur, ni largeur, ni profondeur ; c'eſt le terme des autres points, c'eſt la penſée même & l'intelligence qui vont ſe placer entre deux, ou plus grand nombre d'objets, & à l'extrémité des êtres dont elles s'occupent. On concevroit, par exemple, des points mathématiques entre deux billes parfaitement rondes ; entre deux marbres très polis, qui ſe toucheroient, entre deux angles oppoſés au ſommet ; ainſi qu'au ſommet des cônes & des pyramides ; mais dans le vrai, ce n'eſt que l'eſprit qui voit le terme d'union ou l'extrémité de ces objets. On peut donc l'appeller un *être de raiſon*, s'il y en a, un ſujet ſans attributs, une chimere, ou au moins un point métaphorique, imaginaire, hypothétique, métaphyſique, idéal, fictif, & mieux, intellectuel.

VII. Il n'eſt, dans la réalité, que ce point pour terminer toutes les méſures.

Lorſque l'on dit qu'une pierre borne deux, trois ou quatre héritages, il faut ſuppoſer une ligne intellectuelle, qui paſſe verticalement du zenith au nadir de cette pierre, & qui, en étant l'axe, eſt en effet, le terme des héritages bornés. De même ſi on diſoit que Paris eſt le centre de la France, il faudroit ſuppoſer un point intellectuel au milieu, ou dans l'enceinte de cette ville.

Le point géométrique n'eſt auſſi qu'un point mathématique rendu ſenſible. C'eſt un cône renverſé, la pointe en bas, dont la baſe eſt viſible & en quelque ſorte méſurable. Mais le ſommet, ou pointe s'abſorbe dans l'infini. Or c'eſt, autant qu'il eſt poſſible, du centre de cette bâſe que l'on prend toutes les méſures géométriques. On fait d'un point géométrique, ce que l'on feroit d'un puits entre deux héritages, dont on prendroit la moitié du diamétre. Il eſt vrai que cette moitié eſt ſouvent indéterminable, mais ſi la méſure s'accorde avec les pétitions, le calcul, & le reſte, il ſemble qu'il n'y a plus rien à demander. Il ne faut pas demander aux hommes des opérations divines.

On n'a jamais eu d'autres preuves que le quarré de la diagonale est double du quarré d'un côté ; ou que le quarré de l'hypoténuse est égal aux quarrés des côtés, que par la mesure & les points : car puisque ces lignes ne font commensurables qu'en puissance, & point en nombres, on n'a pu se servir du calcul pour la démonstration : il a donc fallu avoir recours aux lignes & aux points visibles. Cela est si vrai, que l'on ne le démontreroit jamais à un aveugle à qui on interdiroit la taction, au lieu qu'il comprendroit facilement, qu'un quarré dont les côtés sont doubles des côtés d'un autre, est quadruple en surface. On conçoit que si l'on joint quatre dez ensemble, ils formeront un quarré quadruple d'un dez, quoique chaque côté ne soit que deux.

VIII. Les Mathématiciens ne s'expliquent point assez sur le point dont ils parlent. Ils disent que la tangente ne touche le cercle qu'en un point ; que les angles se terminent en un point ; que les angles opposés au sommet se touchent : mais ce point est-il mathématique & sans étendue ? ou géométrique ayant une étendue ? s'il n'a point d'étendue, il paroît que la tangente est tangente & non tangente en même-tems Les angles paroissent aussi se toucher & ne se point toucher au sommet ; puisque ces figures ne sembleroient s'unir qu'en un point qui n'existe point, & qui n'a nulles propriétés. Si ce point a de l'étendue, il renferme une surface divisible en d'autres points, & par conséquent, ces angles, la tangente & l'arc se toucheroient en plus d'un point, ce qui est faux. C'est ce que j'expliquerai mieux. (art. 19.) Mais avant il faut que je donne quelques définitions pour l'intelligence des lignes.

IX. La *ligne* est une multitude de points intellectuels, ou réels, terminés par deux points, comme

A ———————————— B

Pour la concevoir il faut suppofer une multitude de points géométriques rangés à côté l'un de l'autre, & enfuite tous divifés en deux par un tranchant tès fin, ou plutôt par la feule penfée, car la ligne eft conçue fans largeur. On la conçoit auffi fans aucun caractére de vifibilité, comme on en imagine une de Paris à Rome, à Lyon, à Londres, &c.

Si la ligne a quelque largeur apparente, il faut la méfurer comme un Arpenteur méfure un foffé triangulaire qui borne deux héritages, en donnant moitié à chaque côté.

La ligne *droite* eft celle qui tend directement d'un point à l'autre, comme la précédente A B, ou comme on conçoit un cordeau tendu.

La ligne *courbe* eft celle qui ne tend pas directement d'un point à l'autre. Si tous fes points font également éloignés d'un feul point, elle eft circulaire & fait partie d'un cercle, telle eft la moitié, le tiers, le quint, ou le quart de la lettre O fuppofée ronde.

La ligne *mixte* eft partie droite, partie courbe, comme les lettres f, J, U.

La ligne *perpendiculaire* eft celle qui en croife quarrément une autre qui forme quatre angles droits. Deux routes qui font une croix parfaite, fonr perpendiculaires l'une à l'autre. Si elles fe croifent en fautoir, ou croix de St. André, elles font obliques & forment quatre angles, dont deux obtus égaux & oppofés au fommet, & deux aigus auffi égaux oppofés.

La ligne *verticale* eft celle qui tombe directement, de haut en bas comme le cordeau d'un plomb.

La ligne *horizontale* eft celle qui fuit le plan droit apparent de la terre, & qui eft de niveau comme un parquet exactement fait.

DES FIGURES TRIANGULAIRES.

X. Toute figure plane qui a trois côtés, a trois angles, d'où elle s'appelle *triangle*. Il n'y a point de figure qui ait moins que trois côtés. La figure fuivante eft un triangle, dont les angles font A B C.

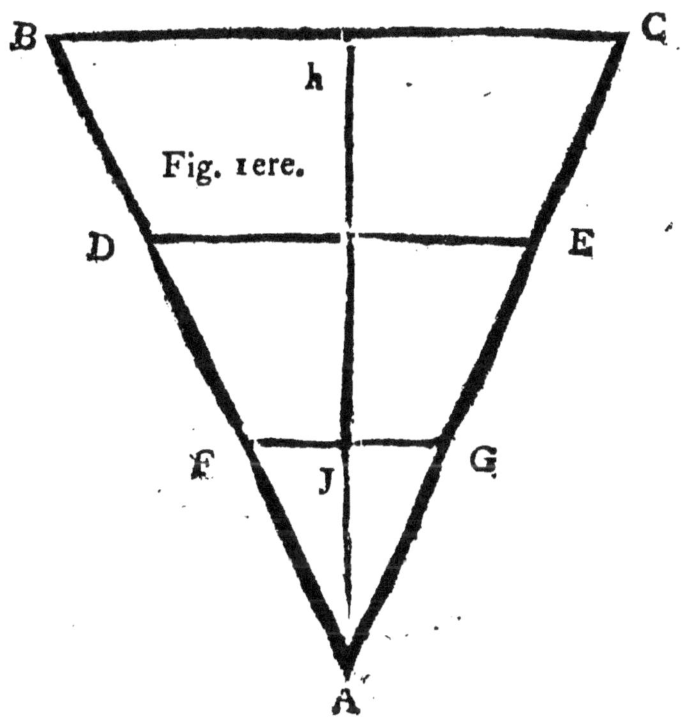

On appelle angle *aigu* celui dont les deux côtés renfermeroient moins que 90 dégrés. Les trois angles du triangle précédent font aigus.

L'angle *obtus* eft celui dont les côtés renferme-roient plus de 90 dégrés : par exemple, 98, 100, 115, &c.

L'angle *droit* eft celui qui ne renferme ni plus ni moins que 90 dégrés : c'eft le quart du cercle. Les angles d'une table quarrée, d'une feuille de papier, font des angles droits, fi l'artifte a fuivi les principes.

Les dégrés font une divifion convenue du cercle, en 360 parties, foit que le cercle foit grand, foit qu'il foit petit. Un dégré eft donc la 360eme partie d'un cercle. Ainfi le dégré eft proportionel au cercle : il peut donc être d'une ligne, d'un pouce, d'un pied, d'une lieue & de dix, &c. On auroit pu prendre une autre efpéce de divifion : par exemple, 300 ou 600 ; mais les anciens l'on inventé ainfi ; il n'y a point de nombre qui fe divife mieux, on peut le divifer en 2, 3, 4, 5, 6, 8, 9, 10, 12, 15, 18, 20, 24, 30, 36, 40, 45, 60, 72, 90, 120 & 180, fans qu'il y ait aucun refte.

Le dégré fe foudivife en 60 minutes ; la minute en 60 fecondes ; la feconde en 60 tierces, & ainfi en continuant.

Un triangle équilatéral eft celui qui a trois côtés égaux. Il eft auffi équiangle, parce que fes côtés étant égaux, les angles le font auffi ; mais dire que les côtés d'un triangle font égaux, fignifie qu'ils ont autant de pieds, de pouces, ou de lignes l'un que l'autre. Au lieu que les angles *égaux* fignifient qu'ils ont un même nombre de dégrés.

Le triangle *ifocéle* eft celui qui n'a que deux côtés égaux. Si deux ont chacun 20 pieds, l'autre peut être de 5, 10, 14, &c.

Le triangle *fcaléne* n'a aucuns côtés égaux ; l'un peu être d'un pied, & les deux autres de chacun un nombre différent.

Le triangle *rectangle* eft celui qui à un angle droit ; telle eft la moitié d'une feuille de papier coupée d'un angle à l'autre angle oppofé.

L'ambligóne a un angle obtus & deux aigus.

L'oxigóne a trois angles aigus, d'où il s'appelle *acutangle*.

XI. Si l'on n'a égard qu'aux dégrés, tout triangle eft égal à deux angles droits ; par la raifon que deux angles droits, étant la moitié du cercle , n'ont ni plus ni moins que 180 dégrès ; & que tout triangle, de quelque conformation qu'il foit, a 180 dégrés. Pour bien comprendre ceci il faut favoir que les dégrés d'un triangle fe prennent du point de chaque angle , en tournant ou fe figurant que l'on tourne un compas entre le deux côtés de l'angle. Par exemple , dans le triangle précédent de A en B C ; enfuite de B en C A, & enfin de C en **A B.** Le fondement de la trigonométrie eft de favoir que tout triangle a 180 dégrés. Car fachant ceci, on connoit le nombre de dégrés d'un angle lorfque l'on fait les deux autres : on trouve la longueur des lignes de deux côtés d'un triangle lorfqu'on fait les dégrés des trois angles & la méfure d'un côté : on trouve le nombre des dégrés de chaque angle lorfqu'on fait la longueur des lignes des trois côtés. On méfure une hauteur ou une ligne inacceffible. On fait enfin des opérations merveilleufes.

Exemples. Suppofons que l'angle A , du triangle précédent , (art. 10.) foit de 50 dégrés , & l'angle B de 65 , qui font 115 , il s'enfuit que l'angle C eft de 65. Ou fuppofons que l'on fache feulement que A & B pris enfemble font 100 dégrés ; l'autre fera néceffairement de 80.

Suppofons encore que l'angle A foit de 50 dégrés, & que la ligne C B foit de 50 pouces , puifque les dégrés font d'un pouce chacun , il s'enfuivra que les lignes A B & A C étant foutenues par des arcs de de chacun 65 dégrés , y feront proportionnels.

De même fachant que A B eft de 65 pouces , B C de 50 & C A de 65 , ce qui fait 180 , & rend le dég é d'un pouce, il s'enfuit que chaque angle à autant de dégrés, que fon côté oppofé a de pouces , & que, par conféquent, l'angle A , dans la fuppofition, feroit de 50 dégrés.

C'eft par de femblables principes que l'on trouve

roit la hauteur inacceſſible h B , ou la longueur de la ligne B C. Sachant , par exemple , que la ligne A h ſeroit de trois perches , on méſureroit à une per- che , J F , la hauteur , & la trouvant d'une demi- perche , on concluroit que h B étant 3 fois auſſi éloi- gné , eſt de trois demi-perches. Car la ligne D E étant deux fois auſſi éloignée que F G , eſt deux fois auſſi longue ; la ligne B C étant trois fois auſſi éloi- gnée que F G , eſt trois fois auſſi longue. Si donc la premiere a un pouce , la ſeconde en a deux & la troiſiéme trois. Si on prolongeoit le triangle & la ligne A h & qu'on la coupât perpendiculairement de pouces en pouces , une quatriéme ligne auroit 4 pouces , la 5e cinq , la 6e ſix , la 7e ſept & ainſi en continuant à l'infini. Ces notions ſont ſimples & fort abrégées , mais il n'eſt pas de mon projet d'appren- dre la trigonométrie à ceux qui ne la ſavent pas.

DES QUADRILATERES.

XII. Toute figure qui a quatre côtés s'appelle *quadrilatere.*

Le quarré parfait eſt un quadrilatere , dont les quatre angles ſont droits & les côtés égaux. Chaque face d'un dez à jouer , eſt cenſée un vrai quarré. On entend ordinairement celui-ci , quand on dit ſimple- ment un quarré.

Le *trapêſe* eſt un quadrilatere dont deux côtés ſeulement ſont paralleles , ou mêmes dont les côtés ne ſont ni égaux ni paralleles. Les deux figures ſui- vantes en repréſentent des deux eſpéces.

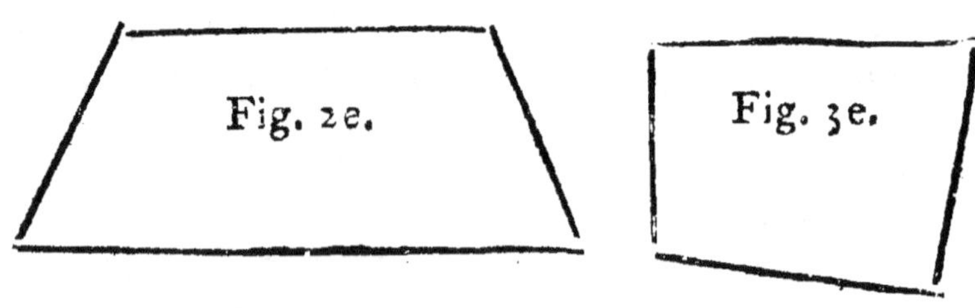

nale 577 & le côté 408 , cela ne jetteroit dans l'erreur que d'une unité , fur 332 mille 929 ; parce que le quarré de 577 eft 332929 , & que le double quarré de 408 eft 332 mille 928. C'eft-à-dire que s'il s'agiffoit de pieds , cette diagonale feroit trop longue d'environ un fixiéme de ligne. Mais ce feroit toujours erreur. Je ne l'ai inféré ici que parce que cette raifon , de nombres entiers à nombres entiers , peut fervir dans la pratique , au moins dans les nombres au deffous de ce nombre 332929 , qui étant moindres , ne tromperoient jamais d'une unité.

Des Figures qui ont plus de quatre côtés.

XV. *Le pentagône* eft une figure qui a cinq côtés & cinq angles. L'*exagône* en a fix : l'*eptagône* fept : l'*octogône* huit : l'*ennéagône* neuf : le *décagône* dix : l'*endécagône* onze : le *dodécagône* douze : le *chiliogône* mille , & le *myriogône* dix mille. Les autres figures , telles qu'elles foient , s'appellent d'un nom générique polygônes. On les diftingue par le nombre de leurs côtés , en difant un polygône de 20 , de 30, 40, 76 ou 100 côtés.

DU CERCLE EN GÉNÉRAL.

XVI. Le Cercle eft regardé comme un polygône d'un nombre infini de côtés ; parce que fa circonférence étant intellectuellement divifible à l'infini , on peut fe repréfenter fes côtés toujours de plus en plus petits. Le cercle fe définit *une figure ronde* ; ou autrement , une figure dont tous les points de la circonférence font également éloignés du centre. Le Soleil, la Lune, la Terre , & toutes les planetes , font des cercles, ou plutôt des compofés d'une infinité de cercles. Une infinité d'objets vifibles, ronds & planes, ou fphériques , font des cercles.

Des parties du Cercle.

XVII. Le diamétre eft une ligne qui paffe par le centre , d'un point à l'autre de la circonférence , comme la ligne A B figure fuivante.

Le rayon eft la ligne qui paffe du centre à la cir-conférence , comme O A, O B, O C, O D. Tous les rayons font donc égaux , & autant de demi-dia-métres. L'efpace renfermé entre deux rayons comme O D E s'appelle *fecteur* de cercle.

Un *arc* eft une partie de la circonférence foutenue par une corde , B G C eft un arc.

La corde eft une ligne qui ne paffant point par le centre , foutient un arc. A D , D B , B C , C A , font quatre cordes. La furface renfermée entre l'arc & la corde qui le foutient , comme B F C G , s'appelle *feg-ment*. Celui-ci s'appelle petit fegment , vulgairement *chanteau*. Le furplus du cercle , foutenu par la même corde , s'appelle *grand fegment* A D , A C , D B , font également des fegmens. En général , il y a au-tant de fegmens qu'il y a d'arcs foutenus par des cordes.

XVIII. Le *finus* d'un arc eft la moitié de la corde qui foutient un arc double ; C F eft le finus de l'arc G C ; il eft auffi finus de langle O G C. On peut l'expri-mer autrement , en difant que le finus d'un angle & d'un arc eft une ligne qui paffe de l'extémité d'un rayon perpendiculairement fur l'autre rayon , comme de C en F.

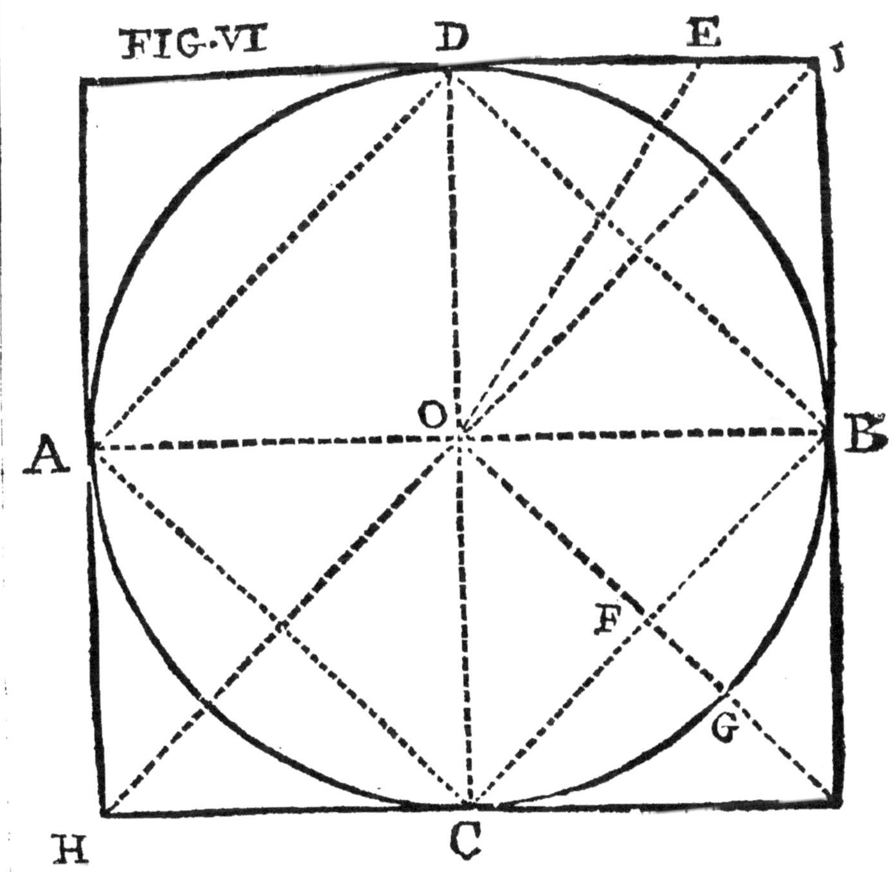

XIX. Sans entrer dans le grand détail des tangentes & cotangentes ; des sécantes & des cosécantes , j'appelle *tangente* la ligne qui étant perpendiculaire à un rayon , ne touche la circonférence qu'en un point, soit qu'on l'envisage à droite ou à gauche du rayon. Ainsi les quatre lignes du quarré circonscrit au cercle précédent , sont quatre tangentes.

J'appelle *sécantes* toutes les lignes qui , partant du centre , coupent l'arc & vont se terminer sur un tangente , ou au-delà , telle est O E.

A B C D sont les quatre points que l'on appelle de *contact* , d'*osculation* , ou de *contingence*,

Une figure est appellée *circonscrite*, lorsqu'elle en envelope exactement une autre, ainsi le quarré qui renferme ici le cercle est circonscrit. On peut aussi l'appeler *tangent*. Je me servirai souvent de cette expression.

Une figure *inscrite* est celle qui est exactement renfermée dans une autre : ainsi le quarré A B C D, (toujours figure précédente,) est un quarré inscrit au cercle de même qu'au quarré de sa diagonale.

Le point où se croisent deux lignes, comme O G & B C en F, & comme le point E, s'appelle point de section ou d'intersection.

Le point d'osculation, à nos yeux, paroît réel & sensible. Il semble que la tangente en A & l'arc y correspondant, soient confondus & ne fassent, pendant plus d'un dégré, qu'une seule ligne ; mais dans la réalité, ces deux lignes ne se touchent qu'en un point qui forme, si on le veut, un petit quarré de la largeur des lignes, si elles ont une largeur De sorte que si les trois lignes, le rayon prolongé, la circonférence & la tangente étoient un fil d'araignée, elles ne seroient confondues que dans la largeur de ce fil. Par conséquent, les lignes étant conçues sans largeur, elles ne se touchent que dans un point sans étendue, ou mathématique. On ne peut pas dire pour cela qu'elles ne se touchent point ; parce que ce sont trois angles qui viennent se terminer là, & y cesser d'être : savoir la voute de l'arc & les deux angles qui se trouvent entre la tangente & la moitié de l'arc, d'un côté & d'autre. Il en est de cela comme de deux lignes qui se croisent & qui forment quatre angles qui ne laissent aucun vuide réel entre leurs sommets ; autrement ils ne seroient plus angles, ce ne seroit plus que des pointes émoussées. Il est inutile de dire qu'il faut la pointe d'un compas pour marquer, on le sait, mais ce n'est que pour marquer & pour fixer nos yeux, sans remplir notre esprit. Il n'y a que ceux qui savent matérialiser tout, qui soutiendroient avec opiniatreté la néceſſité d'un point géométrique, ſenſible, qui n'eſt ici que la déclaration d'un point mathématique inviſible. Les Métaphyſiques, les calculateurs & les ſpirituels doivent entendre ceci & demeurer d'accord ſur cette vérité.

XX. Lors donc que l'on dit que des angles ſe terminent par un point ; que des cônes, des pyramides, &c. finiſſent à un point ; que deux ou pluſieurs angles oppoſés au ſommet ſe touchent en un point ; il faut toujours entendre un point mathématique, ou la ceſſation de leur être & de toute ſenſibilité. Deux angles ſont comme deux glaives aiguiſés par la Divinité même qui pourroient, pointe à pointe, s'arrêter au même terme, mais qui ne pourroient jamais s'entre-heurter, parce que leurs pointe étant la ceſſation de toute ſurface & de toute méſure, n'en auroient aucune.

Il eſt vrai qu'un Mathématicien célébre, Mr. Rivard, après avoir dit que la tangente ne touchoit l'arc qu'en un point, ajoute, (élémens de géométrie, liv. 1er. art 119, édition de 1744) que *la ſurface du point de contingence eſt plate ; mais quelle eſt infiniment petite, ce qui n'empéche point la rondeur du cercle ou du glóbe.* Il renvoie même, pour étayer ſon ſentiment *à l'hiſtoire de l'Académie des Sciences de 1722 page* 74. Mais ſi cette ſurface eſt plate, elle eſt longue, elle eſt diviſible & conſiſte en pluſieurs points, ce qui implique une contradiction manifeſte. Il eſt ſingulier que dans un même hypothéſe, il ſuppoſe *un glóbe parfait*, & que 20 lignes après il diſe qu'il *eſt terminé par des ſuſfaces plattes, & que tous les cercles ſont terminés par des lignes droites* Si ce ſont des ſurfaces & des lignes droites, elles ſont compoſées de pluſieurs points, & par conſéquent la tangente pourroit toucher pluſieurs points. Il en ſuivroit une autre abſurdité, que le cercle ayant ainſi pluſieurs côtés, auroit auſſi pluſieurs angles ; d'où il arriveroit que la tangente ne ſeroit quelquefois appuyée que fur le fommet d'un angle , & quelquefois fur le côté d'un angle ; elle ne toucheroit quelquefois qu'un point , & quelquefois plufieurs. Il vient de fuppofer un glôbe *parfait* ; s'il eft parfait il eft rond ; il n'eft pas un polygone , fut-il de dix mille côtés. Il eft vrai que l'on dit communément qu'il n'y a point de quarré *parfait* ; point de cercle *parfait.* C'eft un fophifme propre à amufer les enfans & à corrompre les idées conftitutives de ces êtres. S'il s'agit de cercles géométriques & fenfibles, *tranfeat* : on peut croire que la délicateffe du plan , de l'inftrument & des mains manquent : mais s'il s'agit de cercles méthaphyfiques & que l'on ne l'on ne confidere que par les yeux de l'efprit , cela répugne. Ce ne font plus des figures rondes. Ce font des chiliogônes ou myriogônes , dont les extrémités ne font plus également éloignées du centre. On répute ces côtés fi petits , que cela n'empéche point la rotondité ; mais on doit favoir que la géométrie & le calcul ne font point de la morale , où le *parum pro nihilo reputatur :* Ces fciences font fi rigoureufes , que le peu eft compté pour beaucoup. Au refte ce n'eft que l'amour de la vérité qui me fait parler ; car cela ne fait rien à mon fujet. Il me feroit peut-être plus avantageux qu'il y eût des licences géométriques , comme il y a des licences poétiques ; j'aurois droit d'en ufer dans la folution du problême que l'on a cru le plus profond & le plus abftrait qu'il y eut jamais.

XXI. Le même Mr. Rivard , & autres , difent *qu'on ne peut tirer au point* de contingence aucune ligne droite qui paffe entre la circonférence & la tangente. Cela eft vrai en tout fens , parce que les deux parties de la tangente viennent s'anéantir dans la circonférence. Mais ils ajoutent *que l'on peut faire paffer une infinité de lignes circulaires entre la tangente & la circonférence ;* cela demande explication. Ils fuppofent que ces lignes fe touchent , ou plutôt, s'identifient au point de contingence ; & en même-

tems

tems ils fuppofent qu'il y a encore une efpece d'efpace *entre* deux pour admettre les circulaires : j'entends bien que ces lignes ne font qu'intellectuelles
& fans largeur ; mais l'efprit ne comprend pas encore
que des lignes intellectuelles puiffent paffer *entre* deux
lignes intellectuelles identifiées. Ce n'eft qu'un défaut
d'énonciation : il faut dire qu'une infinité de circonférences peuvent venir fe terminer à ce point : enforte
qu'un côté & l'autre de la circonférence viennent
s'anéantir là , comme les deux pointes parfaites de
deux glaives iroient fe placer fous un glôbe , mis
fur un plan , fans néanmoins paffer l'un fous l'autre,
fans le foulever , & fans paffer le point de contact.
Il en eft de même de tous les rayons qui viennent
s'anéantir au centre , non pas comme à un point géométrique , mais comme à un point mathématique ,
qui n'eft autre chofe que la ceffation de tous les
rayons , de tous les fecteurs , & de toutes les furfaces
qu'ils renferment.

Idée des Proportionelles.

XXII. Toutes les lignes ont des rapports, ou proportions de mefures entr'elles. Si la diagonale avec
les côtés de fon quarré ; fi les côtés d'un angle avec
leur apothême , ou hauteur , ne femblent en avoir
aucune , ce n'eft que la difficulté de l'exprimer en
nombres : elles n'en font pas moins proportionnelles
en puiffance. Les lignes d'un pouce , d'un pied ,
d'une perche , &c. ont toutes des proportions entr'elles , ainfi que des rapports arithmétiques & géométriques. Il y en a de même entre 2 , 3 , 4 , 5 , 6 ,
18 , 20 , 29 pouces , pieds ou perches , &c. Ils ont
des rapports arithmétiques , en ce que ces nombres
en furpaffent chacun un autre de certain nombre
d'unités : 5 furpaffe un , de 4 unités ; 6 le furpaffe de
5 unités ; c'eft ce qui s'appelle raifon arithmétique ,
la raifon de 5 à 7 , ou de 7 à 5 , de 9 à 11 , de 11 à

13 eſt 2 , parce que le plus grand nombre ſurpaſſe le plus petit de deux.

Tous ces nombres ont auſſi des rapports géométriques , en ce que les plus grands contiennent les plus petits , ou que les plus petits ſont contenus dans les plus grands , certain nombre de fois. Exemple , 6 contient 2 trois fois ; 18 le contient 9 fois ; 20 le le contient 10 fois Il en eſt de même de tous les autres , ſoit qu'on les exprime en nombres entiers . comme ci-deſſus , ou en nombres rompus , comme en diſant que 20 contient deux fois & demi huit : que 9 contient 4 deux fois un quart , ou qu'on ne l'exprime que très confuſément , comme ſi on dit que 18 eſt à 19 comme 38 à 40.

XXIII. Ces rapports primitifs & radicaux ſe conſervent toujours , quand on diviſe ou multiplie les deux termes par un même nombre ; par exemple , 4 eſt deux fois auſſi grand que 2 , ſi je multiplie 4
par   3 , 4 , 5 , 6 ou 7
les produits ſeront 12 , 16 , 20 , 24   28.
Si je multiplie auſſi
deux par   3 , 4 , 5 , 6 ou 7
les produits ſeront 6 , 8 , 10 , 12   14 qui ne ſont que chacun moitié des autres

De même , le nombre 7 ſurpaſſe 4 de trois unités , qui ſont trois ſeptièmes Si je multiplie 4 par 5 , le produit ſera 20 ; ſi je multiplie auſſi 7 par 5 , le produit ſera 35 , qui ſupaſſe auſſi 20 de trois ſeptièmes. Il en eſt de même de la diviſion de deux nombres par un même diviſeur.

Les rapports géométriques ſe conſervent également. 2 fois 2 perches , font 4 perches ; trois fois 4 perches , font 12 perches , qui ſont trois fois autant . ſi je multiplie 2 par 10 , il en réſultera 20 perches , & 4 auſſi par 10 , cela fera 40 , plus grand de moitié que 20. Si je double , triple , ou quadruple les multiplicateurs , ou les diviſeurs , les mêmes raiſons ſe conſerveront toujours.

La raiſon arithmétique eſt la comparaiſon de deux nombres, dans laquelle on conſidére combien l'un ſurpaſſe l'autre, ou de combien il eſt ſurpaſſé. Entre 4 & 5, 7 & 9, 11 & 13, la raiſon arithmétique eſt 2; parce que 5, 9 & 13 ſurpaſſent 3, 7 & 11 de chacun deux.

La raiſon *géométrique* eſt une comparaiſon dans laquelle on examine comment un nombre, (ou une grandeur) en contient un autre, ou comment cette grandeur y eſt contenue, ſoit en parties entieres, ou avec des reſtes; par exemple, ſi je conſidére que 20 contient 4 fois 5, ou qu'il contient 3 fois 6 & deux tiers ou qu'il contient 2 fois 7, plus ſix ſeptiémes.

XXIV. De deux raiſons arithmétiques, ſe forme une proportion arithmétique, qui n'eſt autre choſe que la comparaiſon de ces deux raiſons, comme ſi on dit 3 eſt à 5, comme 7 eſt à 9, c'eſt une proportion égale, en ce que 9 ſurpaſſe 7 de 2, de la même maniere que 5 ſurpaſſe le nombre trois de deux; ainſi quand on dit 30 eſt à 40 comme 10 eſt à 20; 30 eſt à 36 comme 14 eſt à 20, on énonce par là des proportions arithmétiques.

De deux raiſons géométriques, ſe forme une proportion géométrique. 4 eſt à 8, comme 8 eſt à 16. 3 eſt à 9, comme 6 eſt à 18. 5 eſt à 10, comme 6 eſt à 12; parce que de même que 4 eſt contenu 2 fois dans 8, 8 eſt contenu 2 fois dans 16; & de même que 3 eſt contenu 3 fois dans 9, 6 eſt contenu 3 fois dans 18 & ainſi du reſte.

Les progreſſions arithmétiques ſont une continuité de raiſons arithmétiques, comme 1 eſt à 3, comme 3 à 5, 5 à 7, 7 à 9, 9 à 11, &c.

Les progreſſions géométriques ſont une ſuite de raiſons géométriques : 1 ſont à 4, comme 4 à 8, comme 8 à 16, comme 16 à 32, comme 32 à 64. Où 3 ſont à 6, comme 6 ſont à 12, comme 12 ſont à 24, comme 24 ſont à 48, comme 48 ſont à 96; ce ſont-là des progreſſions géométriques.

La moyenne proportionnelle arithmétique, eſt le nombre qui partage la différence de deux nombres, ou ce qui eſt le même, c'eſt la moitié de deux nombres inégaux unis enſemble, par exemple 7 & 9 mis enſemble font 16, dont 8 font la moitié, ou moyenne proportionnelle arrithmetique.

La moyenne proportionnelle géométrique, partage deux grandeurs, non pas également ; mais de façon que la moyenne proportionnelle contienne le premier nombre, ou grandeur, comme le dernier contient la moyenne proportionnelle ; par exemple, 6 pouces font une grandeur ; 13 pouces & demi en font une autre, 9 pouces en font la moyenne proportionelle géométrique, parce que 9 pouces contiennent 6 pouces une fois & demi, comme 13 & demi contiennent une fois & demi 9. Par la même raiſon 6 pouces font la moyenne proportionnelle géométrique entre 4 & 9 pouces.

En général les rapports, les proportions, les progreſſions arithmétiques, font pour les nombres. Il y a des rapports arithmériques, entre 1 liv. 10, 20, 47, 300 & 900 liv. &c. entre 10, 20, 30 & 99 hommes, & autres ſemblab'es nombres. Les rapports, les proportions, les progreſſions géométriques, font pour les meſures, comme entre un arpent & un demi arpent de terre, entre une perche & trois quarts de perche : entre un muid & un quart de vin : entre un ſeptier & un minot de bled ; entre une livre & une once.

Les Mathématiciens donnent encore d'autres idées des proportionnelles. Ils en traitent plus amplement & plus ſavammenr, on peut & on doit y avoir recours. Ce ne font ici que des premieres notions

Des rapports analogiques des cercles avec les quarrés
& les triangles : ou de leur conſtruction radicale.

XXV. Dans les figures rectilignes, ou mixtes,

comme tous les quadrilateres ou poligônes de plus grand nombre de côtés , & dans les triangles l'enceinte de la figure s'appelle *périmètre* , & dans le cercle cette enceinte, ou tour, s'appelle circonférence , ou circuit. Cela étant expliqué , on peut entendre ce qui fuit.

Si on fuppofe un quarré dont les côtés foient d'un pied , fa furface fera d'un pied ; parce qu'une fois un eft un ; mais fon périmétre fera de 4 pieds. Si on double les côtés , la furface fera quatre fois aufli grande, parce que 2 fois 2 font 4 : fi on les triple , les quadruple , les quintuple , les fextuple , &c. la furface deviendra 9 fois , 16 fois , 25 fois & 36 fois aufli grande. Six fois 6 pieds , par exemple , feroient un quarré de 36 pieds , 36 fois aufli grand que le premier, qui eft d'un pied. La raifon de cela eft que la furface fuit le quarré des racines ; ou , ce qui eft le même , le produit des racines élevées à la feconde puiffance, ou multipliés par elles-mêmes. Ainfi, pour avoir un quarré 100 fois , ou 36 fois plus grand qu'un autre , il faut multiplier la racine de l'un par la racine de l'autre , ou , ce qui revient au même , multiplier le premier quarré par le nombre de fois que l'on veut qu'un autre foit plus grand , & chercher la racine quarrée du dernier produit. Exemple. Le nombre 4 eft un quarré dont la racine eft 2. Or , je veux avoir un quarré 100 fois aufli grand que 4 , la racine quarrée de 100 eft 10 , car 10 fois 10 font 100 , donc 2 fois 10 qui font 20 font la racine d'un quarré 100 fois plus grand que 4. En effet 20 fois 20 font 400 qui font évidemment 100 fois 4. On voit que l'autre maniere feroit le même effet , puifque 4 fois 100 feroient 400 dont la racine feroit 20.

XXVI. Pour avoir un quarré 100 fois 81 fois , 64 fois , 49 fois , ou 36 fois plus petit qu'un autre , il ne faut que prendre la 10e , la 9e , la 8e , la 7e , ou la 6e partie des racines de ces nombres : ou la 100e , la 81e , la 64e , la 49e , la 36e partie du

tout ; c'est-à-dire , ici , 1 qui feroit véritablement
le 100e de 100 , & ainfi du refte. Si , de même,
je veux avoir un quarré 9 fois moindre que le quarré
36 pieds , dont la racine eft 6 , je dis le 9e de 36
eft 4 dont la racine eft 2 ; ainfi le quarré 2 fois 2
font 4 , eft 9 fois moindre que le quarré 36 : ou bien
je dis la racine de 36 eft 6 ; la racine de 9 eft 3 ,
fi donc je divife une racine par l'autre , j'aurai 2 au
quotient , ce qui fera la racine d'un quarré 9 fois
moindre.

XXVII. Les triangles fuivent la même méthode ,
en les comparant toujours à des triangles de même
efpece ; mais il n'eft pas fi facile de le faire entendre :
cependant prenons pour exemple le triang'e rectangle
A B C (article 12 page 16) fuppofons la bâfe A C
de deux pouces , & la hauteur B F d'un pouce , fa
furface fera d'un pouce. Suppofons celui-ci enfermé
dans un triangle de même efpece , dont la bâfe feroit double , & ainfi de 4 pouces , & la hauteur
double , & par conféquent de 2 pouces ; ce triangle , en multipliant la moitié de la bâfe par la hauteur , feroit de 4 pouces de furface , & par conféquent
4 fois grand comme l'autre.

Nota. Les racines , ou côtés d'un quarré ; la de-
mi-bâfe & la hauteur d'un triangle ; les côtés d'un
cube ; les diametres & la circonférence d'un cercle ,
s'appellent auffi *facteurs ou produifans.*

XXVIII. Il y a une proportion différente entre
le périmétre des quarrés. Le périmétre d'un quarré
d'un pied de furface , eft de 4 pieds : ceux des quarrés de 4 , de 16 , de 25 , de 36 , de 49 , de 10000
pieds , font de 8 , de 16 , de 20 , de 24 , de 28 ,
de 400 pieds. Sur quoi on doit remarquer 1°. que
plus un quarré a d'élémens , de continent , ou furface , moins fon périmétre eft grand , relativement au
nombre d'élémens , c'eft-à-dire de pieds , de pouces ,
ou de lignes qu'il renferme , puifque le périmétre ,
ou tour , d'un quarré de 16 pieds , eft 16 pieds , &

que le périmétre de celui de 10000 pieds n'eſt que de 400 qui eſt 25 fois moindre que le nombre de ſes élémens.

On doit remarquer 2°. que toutes les racines expriment autant de fois en nombre leur périmétre primitif, qu'elles renferment d'unités : prenons pour exemples le quarré de 100 pieds & celui de 121 ſavoir 10 par 10 & 11 par 11 pieds Le périmétre du premier ſeroit 40 pieds ; celui du ſecond 44 pieds : c'eſt à dire 10 fois le périmétre du quarré radical d'un pied, & 11 fois ce périmétre quand la racine eſt 11.

XXIX. Il eſt inutile d'objecter les fractions, parce qu'elles ne font que décompoſer le quarré principal en petits quarrés élémentaires : par exemple, le quarré 25 pieds, 5 pouces de pied, plus un pouce quarré, vient de la racine 5 pieds un pouce (ou 61 pouces) il a le périmétre 61 fois grand comme le périmétre d'un pouce. Cela eſt évident : car le périmétre d'un pouce eſt 4 pouces : Or, 61 fois 4 pouces font 244 pouces, qui font 20 pieds 4 pouces, ce qui eſt vraiment le périmetre d'un quarré, dont la racine eſt 5 pieds 1 pouce. Il en eſt de même des triangles & des cercles, (ce que l'on comprendra mieux dans la ſuite,) c'eſt-à-dire que ſi un cercle a 4, 5, 6, 8 ou 9 pieds de diamétre, la circonférence eſt 4, 5, 6, 8 ou 9 fois auſſi grande que celle d'un pied.

XXX. Il y a une autre proportion qui eſt encore rélative aux quarrés, aux triangles & aux cercles, (quant aux cercles on le comprendra mieux dans la ſuite) c'eſt que toutes les chaines des racines augmentent toujours l'une ſur l'autre du nombre huit, ſoit en nombre pair ou nombre impair : deux tables ſerviront à le faire entendre.

Table du nombre pair.

Fig. 7e.

D	D	D	D	D	D	D	D
D	C	C	C	C	C	C	D
D	C	B	B	B	B	C	D
D	C	B	A	A	B	C	D
D	C	B	A	A	B	C	D
D	C	B	B	B	B	C	D
D	C	C	C	C	C	C	D
D	D	D	D	D	D	D	D

On voit que ce quarré principal eſt de 64 quarrés ; qu'il commence par quatre quarrés notés A A A A. 2°. On voit une chaîne de douze quarrés notés B B, &c. qui enveloppent ces quatre quarrés & qui les ſurpaſſent du nombre 8. 3°. Sur ces 12 quarrés on voit une chaîne de 20 autres quarrés notés C C C, &c & que par conféquent, cette chaîne ſurpaſſe ſon inférieure immédiate encore de huit 4°. On voit que la derniere chaîne eſt de 28 & ſurpaſſe ainſi celle-là de huit.

Quand on feroit des millions & billions de chaînes ſur celles-ci, en même proportion, ce feroit toujours la même choſe ; la ſupérieure contiendroit toujours ſon inférieure immédiate, & 8 de plus. Toute la différence qu'il y a entre un quarré de nombre

impair & celui de nombre pair , c'eſt que ce dernier
commence par quatre , comme on le voit , & l'autre
par un , comme on va le voir.

Table en nombre impair.

Fig. 8e.

E	E	E	E	E	E	E	E	E
B	D	D	D	D	D	D	D	E
E	D	C	C	C	C	C	D	E
E	D	C	B	B	B	C	D	E
E	D	C	B	A	B	C	D	E
E	D	C	B	B	B	C	D	E
E	D	C	C	C	C	C	D	E
E	D	D	D	D	D	D	D	E
E	E	E	E	E	E	E	E	E

La table précédente ayant été expliquée , celle-ci
ne demande point d'explication ; on voit qu'il y a 8
fois B , 16 fois C , 24 fois D , & 32 fois E.

Les triangles tels qu'ils ſoient , ſuivent la même
méthode , ce qui eſt facile à concevoir , puiſque tout
triangle eſt la moitié d'un quarré. Les cercles ſuivent auſſi cette même méthode , on doit s'en appercevoir , mais je le rendrai à l'évidence numérique ,
dans la cinquiéme Section. Le nombre 8 a quelque
choſe de ſacré dans la géométrie : on entendra mieux

cette propofition lorfque j'aurai, (dans la 4e. Section)
cévelopé mes principes.

XXXI. Ce q il y a à remarquer fur l'enceinte,
ou circuit, de toutes les figures, c eft qu'il n'y en
a point qui renferme moins de furface que le triangle,
ni qui en renferme davantage que le cercle : le quarré
équilatéral tient une efpéce de milieu entre deux.
Il faut encore remarquer que plus un triangle a de
fimilitude avec le rectangle, plus il renferme de
continent : & de même que plus une figure a de
fimilitude avec un cercle, plus elle renferme d'élémens dans un même périmétre. Ainfi un exagône
de 18 pouces de tour, renferme plus de pouces
quarrés qu'un quarré de même contour, & ce quarré
plus qu'un triangle auffi de 18 pouces de périmétre.
Un décagône en renferme plus que l'ennéagône &
l'ennéagône plus que l'octogône. Ce qui paroit furprenant, c'eft que fi on rendoit un gobelet d'argent,
ou d'autre matiere malléable, quarré, il deviendroit
plus peti de plus d'un cinquiéme : fi enfuite on le
rendoit triangulaire, il deviendroit encore plus petit de plus d'un autre cinquiéme. Cela fera démontré
évident par les principes, ou du moins on le conce-
vra par déduction.

De la maniere de mefurer les triangles.

XXXII. La méthode dont on fe fert pour mefurer
un triangle ayant quelque chofe de commun avec
celle dont on s'eft jufqu'alors fervi pour mefurer le
cercle, il convient que je parle d'une triple maniere
de mefurer un triangle. Cela eft d'autant plus utile,
que dès que l'on fait bien mefurer un triangle, on
peut mefurer toutes fortes de figures planes, qui
toutes peuvent être réduites au triangle.

On mefure toute efpece de triangle, en multipliant fa hauteur par la moitié de fa bâfe, ou fa
bâfe par la moitié de fa hauteur ; ou fa bâfe par fa

hauteur, en prenant la moitié du produit. Soit, je
fuppofe un jardin triangulaire, repréfenté par le triangle A B C (Figure cinquiéme de l'article 12.) Je fuppofe que fa bâfe A C foit de 10 perches, & fa hauteur B F de 6. La moitié de 10 eft 5 , je dis donc,
6 fois 5 font 30, ce qui feroit la furface. Autrement,
la moitié de la hauteur 6, eft 3 : Or, 3 fois 10 font
auffi 30 perches. Ou enfin 6 fois 10 font 60 dont la
moitié eft toujours 30. La hauteur d'un triangle fe
prend du fommet de l'angle oppofé à la bâfe , par
une ligne perpendiculaire à cette bâfe. Ou ce qui
eft le même, on fait ou l'on fuppofe une ligne pa-
rallele à la bâfe qui touche l'angle au fommet, comme
E D, & l'on mefure l'éloignement de ces deux paralleles. Obfervez que l'on peut prendre pour bâfe quel
côté on veut , par exemple ici, A B ou B C ou C A.

De la mefure des cercles en général.

XXXIII. On fait , & il eft démontré , qu'un cercle eft égal en furface à un triangle qui auroit pour
bâfe la circonférence, & pour hauteur le rayon ;
ou , ce qui revient au même , la moitié de la circonférence pour bâfe , & le diamétre pour hauteur.

Suppofons pour un inftant qu'un cercle ait 24
pieds de circonférence , & quatre pieds de rayon ,
il fera égal à un triangle de 24 pieds de bâfe & de
4 pieds de hauteur. 2°. à un triangle de 12 pieds
de bâfe & de 8 de hauteur. Pour avoir la furface
d'un triangle , il faut comme nous venons de le
voir , multiplier la moitié de la bâfe par la hauteur.
Or 4 fois 12 font 48 , ce cercle , dans la fuppofition , auroit donc 48 pieds.

Pour mieux entendre cette vérité effentielle , il faut
fe repréfenter un cercle divifé en deux demi-cercles :
2°. Il faut fuppofer que l'on eût divifé ce demi cercle
en une infinité de fecteurs , ou de triangles très
petits , dont la bâfe feroit à la circonférence & le

fommet au centre : 3°. que l'on eût dreffé tous ces petits triangles fur une ligne droite. Toutes ces bâfes placées à côté l'une de l'autre formeroient dans notre hypothéfe une bâfe de douze pieds de longueur, & préfenteroient , (s'il m'eft permis de me fervir de ce terme expreffif) une efpéce de peigne autant plein que vuide. Il faudroit donc l'autre moitié découpée de la même maniere pour le remplir, & les deux enfemble feroient un quarré long de 12 pieds & de 4 pieds de largeur, ce qui donneroit 48 pieds de furface.

Aucun Mathématicien ne doute de cela , & c'eft ainfi que les Maîtres conçoivent la furface des cercles ; la folidité & la fuperficie des fpheres , des cylindres , des cônes & des pyramides.

De la mefure vague de la fphere , du cône , du cylindre & de la pyramide.

XXXIV. La fphere eft égale, quant à la folidité , à un cône qui auroit pour bâfe la fuperficie, & pour hauteur le rayon.

Un cône eft repréfenté , quoique groffierement , par un pain de fucre. Si ce même pain de fucre avoit les côtés planes , ce feroit alors une pyramide. Quand la pyramide a trois côtés, elle s'appelle *triangulaire* ; fi elle en a quatre , elle s'appelle *quadrangulaire* ; fi elle en a cinq , elle s'appelle *pentagonale*, &c.

Pour avoir l'idee d'un *cylindre* , il faut fe repréfenter une colonne ronde , ou une bougie ou chandelle moulée , ou fimplement un bâton tourné & d'égale groffeur.

On appelle *prifme* une figure maffive & plane deffus & deffous , foit qu'elle foit ronde , quarrée , exagône , ou pentagône , octogône , &c. un carreau de terre cuite , un pavé de marbre quarré , ou a fix pans, une piece de monnoie font des prifmes.

Ce que l'on appelle vulgairement *une boule* , eft

une fphere. Un grand ceicle de la fphere , eft la ligne qui la couperoit en deux & formeroit deux *hémifpheres.* Si la fphere eft creufe (ou vuide) elle renferme *un globe.* Le deffus s'appelle la partie *convexe* , le dedans la partie *concave* de la fphere.

XXXV. La fuperficie, ou furface vifible de la fphere, eft quatre fois grande comme un grand ceicle ; fi ce grand ceicle , ou affiette de l hémifphere , eft de 10 pouces , la fuperficie de cette fphere fera de 40

La fuperficie d'un cône eft égale à la moitié de la fuperficie du cylindre , de même bâfe & de même hauteur , en ne comprenant point les bâfes de l'un ni de l'autre.

La fuperficie d'un cylindre , non compris fes deux faces planes (ou bâfes ,) eft égale à la fuperficie de la fphere de même hauteur & largeur , ce qui s'appelleroit une fphere infcrite au cylindre.

Quant à la folidité , un cône infcrit n'eft que le tiers d'un cylindre de même bâfe & de même hauteur ; ou , ce qui eft le même , la partie matérielle qui couvriroit ce cône & lui ferviroit de calote , eft deux fois auffi grande en folidité

La fphere infcrite , ou enveloppée dans un cylindre de même hauteur & largeur , emporteroit les deux tiers de la fubftance.

XXXVI. Ce qui eft contenu dans ces trois derniers articles , & prefque tout ce qui eft dit avant , eft connu & démontré par les Mathématiciens qui ont donné des cours complets de Mathématiques : mais je tâcherai de le mieux faire entendre qu'eux , parce qu'ils n'ont prefque point donné d'exemples numériques fenfibles , n'ayant point eu la connoiffance de la quadrature du cercle , ou lorfqu'ils en ont donné , c'étoit une multitude de fractions de 113 milliémes , de 19 cens 40 neuviémes de centiémes ; des 41es de cent vingt feptiémes ; des 59 millionniémes de centiémes , &c. &c. &c. je réduirai tout en nombres entiers , ou du moins , il y aura peu de fractions.

N'eſt-il pas ſurprenant que les Mathématiciens ayent trouvé les rapports que ces figures ont entr'elles, ſans connoître la nature ni la meſure des êtres qu'ils comparoient ? Ne l'eſt il pas autant que ces grands hommes ayent fait & démontré ces découvertes, ſans pouvoir trouver la ſuperficie ou ſolidité effective & réelle de ces figures, qu'i's ſavoient être moitié d'une autre, les deux tiers de celle-ci, double d'une autre, triple & quadruple d'un autre ?

N'eſt-il pas encore ſurprenant & même étrange, qu'ils ayent ſuppoſé des raiſons ou rapports ſi ſinguliers entre la circonférence & le diamétre ; entre le quarré circonſcrit & le quarré de la ſurface du cercle ; tandis que toutes les figures géométriques ſemblent être unis par des nœuds ſimples entr'elles & ſe ſervir réciproquement ? en effet, le triangle eſt compoſé d'une infinité de quarrés ; toutes les figures rectilignes ſont compoſées de triangles ; les mixilignes & curvilignes ſont auſſi compoſées de triangles : le quarré de l'hypoténuſe eſt égal au quarré des côtés ; il eſt double du triangle dont elle eſt hypothénuſe : la diagonale double le quarré : le quarré circonſcrit eſt double du quarré inſcrit : le triangle circonſcrit au triangle eſt quadruple ; le quarré dont on double, triple, quadruple, &c les côtes, eſt 4 fois, 9 fois, 16 fois plus grand : le cercle & le triangle ſuivent la même regle.

Un cône inſcrit eſt la moitié d'une ſphere inſcrite ; la ſphere inſcrite les deux tiers du cylindre circonſcrit ; les chaînes conſtructives des quarrés augmentent toujours de huit ſur leur nombre inférieur, comme il a été démontré ; les triangles & les cercles font le même effet, & après cela plus de rapports utiles entre la circonférence & le diamétre ; plus de proportions entre le quarré circonſcrit & le quarré de la ſurface ; il y en a de ſimples, d'unies, & de moins abſtraits qu'on ne penſe, je les ferai connoître lorſque j'aurai expliqué les différens ſyſtémes & fait voir l'égarement des Sages.

SECONDE SECTION.

Différens fyftêmes fur le raport de la circonférence au diametre.

XXXVII. A Rchiméde qui vivoit il y a environ 2000 ans , n'eft pas le premier qui ait cherché la quadrature du cercle. Il n'a point déterminé le rapport du diamér à la circonférence, il a feulement dit qu'il étoit moins grand que 22 à 7 , & plus grand que 21 $\frac{70}{71^{\text{es}}}$ à 7 C'eft-à-dire, felon lui , que fi un cercle a 7 pieds de diamétre , il n'a pas 22 pieds de circonférence , mais qu'il a plus de 21 pied 70 parties d'un pied divié en 71 parties , & plus clairement encore , qu'il auroit plus de 21 pied 11 pouces 9 lignes 9 minutes 11 primes 8 fecondes , & qu'il n'auroit point 22 pieds Ce qui ne fait une difference que de deux lignes 0 minutes 4 primes , fur 22 pieds , ou 3168 lignes.

XXXVIII. La plupart des Mathématiciens , *iurantes in verba ma iftri* , ont eftimé ce rapport limité entre ces bornes qui paroiffent étroites & qui ne laifferoient pas que d'interpofer un vuide de plus de cinq lieues & demie fur le grand cercle de la terre , fuppofée de 9000 lieues de circonférence.

Ceux qui ont cherché la quadrature du cercle entre ces limites , ne pouvoient pas la trouver , & beaucoup moins la démontrer ; car on n démontre point l'erreur. La difficulté n'eft peut être pas encore tant de trouver un quarré entre 21 $\frac{70}{71^{\text{es}}}$ & 22 , que de montrer que c'eft là en quoi gît la queftion. Ce qui me furprend , c'eft que tant de grands hommes

n'ayent pas daigné examiner fi Archiméde ne fe
trompoit point , & qu'ils ayent adopté dans l'Aftro-
nomie , la Géométrie , la Géographie , & autres
Sciences la méthode de Métius , comme la plus
jufte ; tandis qu'elle peut tromper de plus de 13 mille
500 lieues quarrées fur la fuperficie de la terre, fuppofée toujours de 9000 lieues de circonférence ; c'eft-
à-dire d'un Royaume prefque auffi grand que l'An-
gleterre Je le démontrerai dans la fuite, ou du moins
ce fera une conféquence des principes.

Monfieur Rivard, & autres , prétendent qu'Archiméde a démontré ces deux propofitions que je lui
attribue. Pour démontrer ces deux chofes, Archiméde , dit il , ou difent-ils , s'eft fervi de deux poligônes réguliers de 96 côtés , dont l'un eft circonfcrit & l'autre infcrit Le circonfcrit eft , dit-on , plus
grand que le cercle Rien de plus vrai ; le continent
eft plus grand que le contenu , & le cercle , furtout
s'il a 96 angles fortants , eft plus grand que le ton-
neau. D'un autre côté le poligône infcrit eft plus
petit que le cercle , ce qui eft évident , puifqu'il y
eft renfermé ; il n'y a rien de plus certain que cela ;
il faudroit prefque être imbécile pour ne pas l'entendre. Mais après cela ils ajoutent que le poligône
circonfcrit eft moins grand , foit en furface , foit dans
fon périmétre , que 22 à 7 ; c'eft ce qu'il faudroit démontrer clairement.

Si Archiméde l a démontré avec le même art que
Mr. Rivard , on peut dire qu'il avoit beaucoup de
zèle & que cette partie de fes ouvrages eft un grand
reméde contre l'infomnie. De crainte que mon lecteur ne foit attaqué de cette maladie . je rapporterai
quelques expreffions de ce Mr. Rivard. » Il eft fort
» aifé de trouver le périmétre de 96 côtés *quand on a*
» *des tables de Sinus* ; car le côté du polygône cir-
» confcrit eft double de la tangente de l'arc de 1
» dégré 52 minutes 30 fecondes ; & celui du polygône
» infcrit eft double du finus du même arc. Or ces

côtes

» côtés étant multipliés par 96 , donnent le périmétre
» inscrit & le circonscrit. En suppotant le diamétre
» de 100000 parties , la tangente de 1 dégré 52 mi-
» nutes 30 secondes est *à peu près* 1637, elle n'en dif-
» fére pas d'une unité . & le sinus est *environ* 1636.
» *Par conséquent* « (belle conséquence fondée sur des
à peu près ou environ) » Par conséquent , dit-il , si
» on multiplie ces deux nombres par 2 , on aura l s
» côtés des deux polygônes dont on cherchoit les
» périmétres. Dans les tables on trouve des nombres
» doubles de ceux qu'on vient de rapporter pour
» cette tangente & pour ce sinus ; parce que le dia-
» métre y est supposé double , c'est à-dire de 200000
» parties.

» Si on compare ces trois raisons ; savoir , celle

» de $314159292 \frac{4}{113^{es}}$ (c'est-à-dire trois cens qua-

torze millions , cent cinquante neuf mille , deux cens
quatre vingt douze unités ; plus , quatre cents treiziémes) » Si on la compare, dit il, avec celle 314158163

$\frac{13}{49^{es}}$ & celle de 314159265 qui ont toutes le même

» conséquent , il est *évident* que la premiere approche
» plus de la troisiéme que la seconde. Or cette *se-*
» *conde peut être regardée* comme le véritable rap-
» port de la circonférence au diamétre.

XXXIX. Avec ces *à-peu-prés* : ces *environ* : ces
peut ê re regardée , il couvre quatre pages de chifres
& de lettres ; il ajoute fractions sur ractions. Il suppose un arc de 30 dégrés il le divise & soudivise ;
il établit au moins 50 proportions ; enfin il conclud :
Ainsi donc , & par conjequent il est éviaent. Hé !
quelle évidence ! puisque la tangente n'est *q à peu-*
près 1637 & le sinus *q environ* 1636: est-ce ainsi qu'on
démontre par le calcul qui ne doit jamais admettre
en pareil cas d'*environs* ; de *peut-être* ; ni des *à peu*
près ? Sans tant de raisonnemens qui répandent plutôt

les ténébres qu'il ne les dissipent , leur polygône inscrit à une circonference de 22 pieds , seroit de plus de 21 pied 11 pouces 9 lignes $\frac{3}{4}$ cela suit de leurs principes , puisqu'il n'auroit pas un 71e d'un pied , ou de 144 lignes de moins que 22 pieds , & leur polygône circonscrit n'auroit pas 22 pieds de périmétre , c'est à dire , pas deux lignes un quart de plus.

Archimède a t-il jamais pu exécuter de tels polygônes : avec quelle regle , quel compas ? une regle de maçon ; un compas de charon ; car il faudroit qu'il eût trois pieds & demi d'ouverture. Dira-t-on qu'il a fait des cercles plus petits ? comment pouvoit-il alors démêler un polygône d'avec l'autre ? puisque sur ce cercle de 7 pieds de diamétre , les côtés des deux polygônes ne font pas éloignés d'une demi ligne les uns des autres : car s'ils étoient éloignés d'une demi-ligne , le diamétre du polygône circonscrit seroit plus grand d'une ligne que celui de l'inscrit , & par conséquent son périmétre seroit plus grand de plus de trois lignes. Si on dit qu'Archimede n'a jamais fait ces polygônes , il a donc jugé de ce qu'il n'a pas vu ni connu.

XL. Ces prétendus démonstrateurs alleguent les dégrés : mais l'arc d'un dégré est plus inconnu que toute la circonférence , & le périmétre circonscrit de 96 côtés , est beaucoup plus difficile à mesurer que le cercle même. Il a 96 angles sortans , dont l'œil humain ne peut appercevoir l'extrémité. Si Archiméde n'a pas fait des cercles de plus de 14 pouces de diamétre , ce qui est assez la portée d'un compas de géométre , chaque côté de ses polygônes n'étoit pas d'un demi-pouce , comment savoir si ce côté , qui est une tangente de l'arc , est perpendiculaire au rayon ? Outre cela dans un pareil cercle , à suivre les principes d'Archiméde , le polygône inscrit & le circonscrit ne seroient qu'un , puisque le périmétre du circonfcrit n'auroit pas le 71eme de deux pouces de plus que celui de l'infcrit, ce qui ne feroit prefque qu'un tiers de ligne. Quoique ce ne foit qu'une méchanique de mefurer un diamétre & la circonférence avec un compas très fin, c'eût été plus jufte & moins ténébreux que cela. On auroit fait un polygône infcrit par ce moyen, d'autant de côtés que l'on auroit voulu.

XLI. Quoi, on prendra des diagonales fuppofées, dont on n'a jamais connu la vraie proportion, pour éclairer dans une route moins ténébreufe qu'elles! On décompofera trente dégrés en minutes, en fecondes, en tierces, &c. pour parvenir à 360 dégrés; c'eft prendre le nuage pour fervir de flambeau. Quelles font les tables de Sinus, puifqu'un fi grand homme met des *à-peu-près* quand il en parle? a-t-on regardé aux 288 angles que donnoient 96 triangles, s'il n'y en auroit point de plus de 3 dégrés 50 minutes d'ouverture, &c. De femblables figures expofoient à 96 erreurs pour découvrir une vérité que l'on ne voit ni entend dans ces principes. Comment Archiméde, ou fes fauteurs, nous montrent-ils que le diamétre, qu'ils fuppofoient de 7 pieds, de 7 pouces, ou de 7 dégrés s'ils veulent, n'étoit pas un peu moindre; d'où il arrivoit que cela donnoit une moindre circonférence? il n'y a d'ailleurs que le triangle, le quarré, & tout au plus le pentagône qui puiffent-être exactement circonfcrits. Sait-on s'il y avoit des tables de Sinus du tems d'Archiméde?

XLII. Je doute que celui-ci ait cru très fincérement la raifon de la circonférence au diamétre, fixée entre ces deux bornes qu'il a pofées, mais que l'on a mal-à-propos prifes pour regle. Archiméde en mefurant peu exactement, a apperçu que la raifon de l'un à l'autre étoit comme 22 à 7. Delà il a conçu que fi un cercle avoit 7 pouces de diamétre, il auroit 38 pouces & demi de furface. Il en chercha fans doute le quarré, il ne le trouva point, puifque

c'eſt un nombre ſourd ou irrationnel (Quand il s'a-
giroit de pieds ou de perches, ce ſeroit la même
choſe) Il a donc eu recours à chercher le quarré
le plus approchant. Mais il paroît qu'il ne vouloit
pas tendre à la connoiſſance des imperceptibles, &
qu'il ſe contentoit de diviſer une ligne (partie d'un
pouce) en 12 points, comme pluſieurs ſavans ſe con-
tentent encore de la diviſer. Or, cela poſé, voilà
comme il pouvoit raiſonner dans l'eſpéce propoſée.
Si je fais un quarré de 6 pouces 2 lignes 6 points,
(c'eſt-à-dire 6 douziémes de lignes, ou ce que j'appelle *minutes*) il en réſultera une ſurface de 38 pouces 6 lignes 6 minutes 3 primes, (ſelon ma façon de
m'exprimer) & par conſéquent plus grand que ſon
cercle de 22 à 7, de 6 minutes 3 primes, ou autrement de 6 lignes quarrées, plus un quart. Mais ſi je
ſuppoſe, pouvoit-il dire, un quarré de 6 pouces 2
lignes 5 points (ou minutes,) par 6 pouces 2 lignes
5 points, il ſera de 38 pouces 5 lignes 6 minutes 10
primes 1 ſeconde, & par conſéquent moindre que 38
& demi, ſeulement de 5 minutes (ou lignes quarrées,)
plus, une prime 11 ſecondes. Voilà donc, ſelon
cette façon, peut-être encore en uſage de diviſer la
ligne, le quarré le plus approché de la raiſon 22 à
7. Or ce quarré ſe trouve exactement entre la raiſon

$$22 \text{ à } 7 \ \& \ \text{la raiſon } 21 \ \frac{70}{71^{\text{ies}}}$$ quiconque voudra s'en

donner la peine, trouvera cela inconteſtablement
vrai. Mais Archiméde ne trouva pas une circonférence qui s'accordât avec ce quarré en nombres entiers, il en reſta-là.

XLIII. On apperçoit, & on en ſera convaincu
dans la ſuite, que ce Philoſophe s'eſt trompé par
prévention & par précipitation de jugement. Il a
paru à ſes yeux que la raiſon étoit comme 22 à 7,
en fait de petits cercles, (preſque tous les hommes
ſeroient ſéduits par l'apparence) il a trouvé que ce

rapport ne pouvoit produire un quarré ; il en a
conclu que le quarré qui lui paroîſſoit le plus approchant , annonçoit le vrai rapport : d'où lui & ceux
qui l'ont ſuivi , ont rempli des livres entiers de ſo-
phiſmes , non pas peut-être en ce ſens que leurs
conſéquences ne ſuivent pas leurs prémiſſes ou
qu'ils péchent dans la forme , mais en ce qu'ils ſe
ſont tous appuyés ſur une bâſe d'erreur , prétendant
qu'ils connoiſſoient l'étendue d'un ou deux dégrés
ſur la tangente , & que par là ils concevoient que
le périmétre d'un polygône circonſcrit de 96 côtés ,
étoit moindre que 22 à 7. Quiconque voudra ſe
donner la peine de faire un cercle ſeulement de 14
pouces de diamétre & d'y conſtruire s'il peut , un
polygône de 96 côtés circonſcrit , trouvera que ſon
périmétre ſera de plus de 41 pouces 5 lignes.

Les Mathématiciens ont eu le malheur d'abandon-
ner les meſures naturelles , primitives & abſolues ,
pour ſe livrer à des meſures relatives aux dégrés ,
aux décimales & aux abſciſſes , qui quoique très
utiles d'ailleurs, n'étoient point propres à cette partie.
Les *abſciſſes* ſont des lignes qui coupent perpendiculairement un diamétre & diviſent un cercle en
parties égales , ou plutôt les trenches que deux de
ces lignes renferment ſont en effet ce qu'on appelle
abſciſſes : on peut le comprendre par la figure ſuivante,

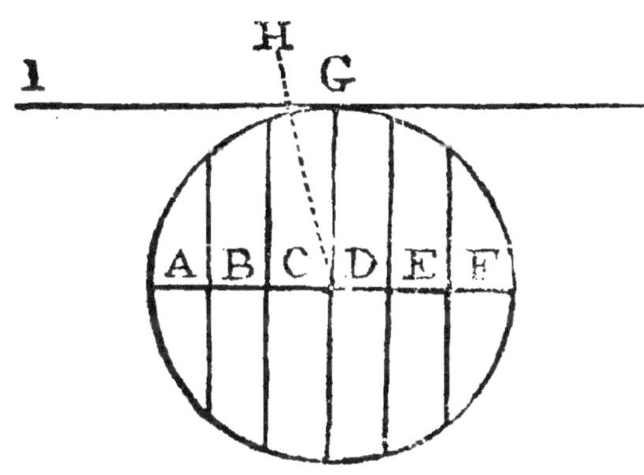

D

On voit que ce petit cercle eſt diviſé en ſix trenches qui ſont des abſciſſes ; mais on doit remarquer
que ces abſciſſes ne ſont point propres à meſurer l'arc
& la tangente tout enſemble ; il eſt évident par exemple, que l'arc G eſt plus long que la tangente correſpondante, puiſque ce ſont deux lignes, dont l'une
eſt courbe & l'autre droite, renfermées entre deux
parallèles. Quand on diviſeroit l'abſciſſe D G en cent
parties, il ſeroit toujours concevable que l'arc même
imperceptible ſeroit toujours plus long que la partie
correſpondante de la tangente Il eſt encore évident
que plus les abſciſſes s'éloignent du centre, plus la
portion des arcs qu'elles renferment eſt grande ; A
renferme de plus grands arcs que B.

Les dégrés ne ſont pas plus propres à rendre raiſon de la deployée de l'arc ſur la tangente Je ſuppoſe que la ligne ponctuée qui part du centre & qui
ſe termine en H meſure un dégré, la partie correſpondante de la tangente eſt plus longue que l'arc,
quand même on diviſeroit ce dégré juſqu'à une ſeconde. Il eſt d'ailleurs d'expérience & aiſé à concevoir que plus les dégrés s'éloigneront vers I, plus
ils embraſſeront une partie plus grande de la tangente.
Archiméde s'étoit peut-être ſervi des abſciſſes pour
meſurer un petit arc, d'où il devoit effectivement
faire la circonférence moindre qu'elle n'eſt.

XLIV. Archiméde auroit très certainement dit que
le rapport de la circonférence eſt plus grand que
22 à 7, s'il avoit ſeulement trouvé le quarré qui
ſuit, qui n'eſt cependant point encore le quarré du
cercle. Suppoſons la circonférence au diamétre, comme 44 mille 402 eſt à 14 mille 112 & le quarré
12 mille 516. Suppoſons donc déterminément une

circonférence de   44402 pieds (multiplicande.
& un diamétre de 14112 pieds
la moitié du rayon eſt   3528   (multiplicateur.

$$
\begin{array}{r}
355216 \\
88804 \\
222010 \\
133206
\end{array}
$$

Le produit eſt   156650256   pieds.

La circonférence multipliée par la moitié du rayon
fait donc ce qui ſuit. 156 millions 650 mille 256 pieds.
Or ſi je multiplie   12516
par   12516

$$
\begin{array}{r}
75096 \\
12516 \\
62580 \\
25032 \\
12516
\end{array}
$$

produit   156650256   pieds.

On voit donc, 1°. que ces deux produits ſont égaux.
2°. Qu'ils ſont en nombres entiers 3°. Qu'il n'y a
ni reſte ni déficient. 4°. Que ce ne ſont point de ces
nombres immenſes comme on a déjà vu & comme on
en verra encore d'autres. 5°. Qu'il n'a point fallu de
fractions. 6°. On voit enfin ce qu'on a jamais vu,
la circonférence, le diamétre & le quarré, en nombres entiers, trois choſes que la ſageſſe humaine
n'avoir jamais pu accorder.

XLV Or maintenant ſi je diviſe le diamétre par
2016, le quotient, ou diamétre partiel, ſera 7 pieds.
Si je diviſe auſſi la circonférence par ce même diviſeur

2016, le quotient, ou circonférence partielle, fera

22 pieds $\dfrac{50}{1008^{es}}$ (ou 50 mille huitiémes) le rapport

de la circonférence au diamétre feroit donc en nom-

bres fractionnaires, comme 22, plus $\dfrac{50}{1008^{es}}$ font à 7,

& en nombres entiers, comme 44402 font à 14112. Je conclurois avec bien plus de fondement que les auteurs cités & à citer, que c'eft ici la quadrature du cercle ; puifque la circonférence, le diamétre & le quarré font en parfait accord. Il y a du moins l'apparence de vérité. On n'y procéde point par des *peut être* des *a peu-près* & *en iron*. Cela eft intelligible à tout lecteur de bons fens, & tout calculateur ordinaire peut s'en fervir dans la pratique. On n'y demande grace de rien

La pratique n'en feroit d'ailleurs pas très difficile, puifque pour avoir le quarré du cercle il ne faudroit

que prendre $\dfrac{6}{7^{es}}$ du diamétre ; enfuite un fixiéme du

reftant, & enfin le quart de ce fixiéme.
Exemple fur un diamétre de 7 pouces.
Les fix feptiémes de 7 p font 6 pouces.
refte un pouce dont le 6e eft   2 lignes.
dont le quart eft   6 minutes.

& le tout eft   6 p 2 l 6 m.
qui étant élevés à leur quarré, font 38 pouces 6 lignes 6 minutes 5 primes ; tout ainfi que le diamétre

7 pouces, & la circonférence 22 pouces $\dfrac{50}{1008^{es}}$ le

feroient.

Mais nous verrons quelque chofe de mieux que cela : car ce fyftéme, quoique complet & parfait, quant au calcul & à l'invention, ne donne point à la circonférence fa vraie étendue. C'eft une veille

de perdue pour moi , & un moment pour le lecteur.
J'ajouterai feulement pour le préfent , que la circonférence eft encore plus grande que je ne la fuppofe ici.

XLVI. Metius , apparemment trop rempli des leçons du grand maître Archiméde , a eftimé que le
rapport de la circonférence au diamétre éroit comme
355 à 113. On entend facilement que fi le diamétre
étoit 113 pouces, lignes, minutes , &c. la circonférence feroit de 355 pouces , lignes , minutes , &c. felon
fes principes. Il a fait comme les gens pacifiques ; il
a coupé à peu-près le différent en deux La raifon de

7 à 22 donneroit pour 113 , 355 $\dfrac{1}{7e}$ il a retranché

ce feptiéme : il n'a pas dû lui couter beaucoup à
trouver cela.

J'adopte pour un moment fon fyftême ; je fuppofe
un diamétre de 113 pieds ; la circonférence fera donc ,
felon lui , de 355 pieds , & par conféquent de 10028
pieds quarrés , plus 9 pouces de furface : car la circonférence qui eft de   355 pieds
étant multipliée par la moitié

du rayon , favoir $28 \dfrac{1}{4}$ qui

                                  2840
                                  710
produit du quart   88 p.   9 pouces.

---

donne pour produit   10028 p.   9 pouces.

Or , qu'elle eft la racine quarrée de ce nombre
10028 pieds 9 pouces ? c'eft un nombre fourd ou irrationnel Il en eft de mème de ceux qui vont fuivre.
On peut dire qu'ils étoient de finguliers Quadrateurs ;
puifqu'ils ne donnoient que des nombres que l'on ne
pouvoit quarrer ni géométriquement , ni par le calcul.

XLVII. Ludolphe de Cologne, a, dit-on, encore approché de plus près. Il a fait voir qu'en suppofant le diamétre de

100000000000000000000000000000 : (c'eft-à dire cent nonillions,) la circonférence feroit plus petite que 314, 159, 265, 358, 979, 323, 846, 264, 338, 327, 951, c'eft-à-dire 314 nonillions, 159 octillions, 265 feptillions, 358 fextillions, 979 quintillions, 323 quatrillions, 846 trillions, 264 billions, 338 millions, 327 mille, 951 : Mais qu'elle feroit plus grande que le nombre fuivant, qui ne différe de celui-ci que d'une unité, comme on doit le voir. 314, 159, 265, 358, 979, 323, 846, 264, 338, 327, 950. Il a fu tout : mais qu'a t'il fait voir ? 1°. qu'il étoit difciple d'Archiméde : 2°. qu'il juroit *in verba magiftri* : 3°. qu'en s'en tenant aux bornes pofées, il ne pouvoit accorder le quarré, le diamétre & la circonféen nombres : 4°. que ce petit trône fur lequel un homme feul avoit fait réfider la quadrature du cercle, étoit pour lui innacceffible : 5°. il a fait voir qu'il favoit difpofer des rangées de chiffres qui atteindroient prefque à l'infini & qui nombreroient, en quelque forte, les momens de l'Eternité ; mais qu'il ne favoit point quelle étoit la vraie déployée du cercle, & qu'il prenoit le chemin le plus long & le plus ténébreux pour la découvrir.

J'efpére que mon lecteur ne trouvera pas mauvais que je faffe une petite digreffion, pour lui faire comprendre l'immenfité de ces nombres par la combinaifon qui fuit. Quelqu'un qui auroit autant d'épingles que le moindre de ces nombres exprime d'unités, & qui en trouveroit le débit à vingt pour un liard, auroit de quoi fe faire un revenu plus confidérable que tous les revenus des Souverains de l'Europe : car il auroit de quoi fe faire plus de trois octillions de rente, dont le fond monnoyé n'eft peut-être pas même en Europe. Où va-t-on chercher de tels nombres pour découvrir une vérité fimple ?

XLVIII. Mrs. Hugueins & de Lagny, dit un auteur, se sont rencontrés avec Ludolphe Cela n'est point surprenant, puisqu'ils suivoient tous le chemin frayé & borné par Archiméde, & qu'ils vouloient tous passer par un meme trou. Ils se sont accordés ; comment ? en ce que appuyés sur cette bâse d'erreur, ils trouvoient que la circonférence étoit plus grande qu'un certain nombre & plus petite qu'un autre nombre qui n'admettoient peut-être que l'unité entre eux deux : mais dire qu'un champ a plus de 98 perches, & qu'il n'en a point 100, n'est point en donner la surface ; puisqu'il peut se trouver une infinité d'unités, partielles, de pieds, de pouces, de lignes, de minutes, & autres mesures entre les deux. Il seroit beaucoup plus surprenant si franchissant la barriere & ne prenant point le meme héros pour guide, ils se fussent trouvés en même chemin, ou qu'ils eussent arrivé au même terme

Monsieur de Lagny a poussé le calcul dans les mémoires de l'Académie en 1719, beaucoup plus loin que Ludolphe qui ne l'avoit poussé que trop loin Voilà bien des calculs inutiles & qui sont insuffisans. Quels cercles ces Messieurs là ont-ils mesurés ? quelles lignes, quels points, quels dégrés du cercle s'accordent avec leurs calculs ? combien faudroit-il retrancher d'un diamétre pour avoir, selon eux, un quarré égal au cercle Voilà de quoi il est question. Il s'agit de savoir trouver la surface numérique & géométrique d'un cercle, comme on trouve celle d'un héritage terminé par des lignes droites. Il faut enseigner à le mesurer à la perche, au pied, au pouce & le reste ; il faut démontrer que cette mesure est réelle ; que la méthode dont on se sert est géométrique, & que le principe est infaillible.

XLIX. Quelques uns ont supposé ce rapport comme 333 à 106 : d'autres ont dit que celui de 300 à 115 étoit trop petit, & celui de 300 à 114 trop grand, &c. &c. &c. &c. Il ne leur en a presque couté

à tous que de retrancher une petite fraction, ou un
septiéme d'unité Trois fois 106 & le septiéme de 106
feroient 333 un septiéme Tous ces prétendus inventeurs n'étoient que les disciples d'Archiméde. Ils
ont tous passé par le même sentier. mais comme ce
sentier é oit large, ils y ont pa sé de front : c'est à dire
que comme il peut se trouver une infinité de nombres qui donnent un rapport limité entre 7 à 22 &

7 à 21 $\frac{70}{71^{es}}$ chacun donnoit le sien & se prétendoit

victorieux. Ce genre de savans a fait comme des
écoliers a qui un maître auroit donné 12 à diviser par
11 : celui qui poussoit les fractions plus loin, en deve-
nant le plus obscur, paroissoit le plus sage & le plus
lumineux. Cependant aucun de ces *quadrateurs*
n'a donné un nombre quarré, ni un rapport facile
à réduire en pratique ; car sans parler des autres,
examinons encore quel quarré produiroit le rap-
po t 333 à 106. Supposons un cercle de 106 pieds de
diamétre, il aura donc, selon cette opinion, 333
pieds de circonférence :

mul ipli ons   333 pieds
par la moitié du rayon, ce qui fait   26 p   6 pouces.

                                           1998
                                           666
produit de six pouces   166 p   6 pouces.

---

produit total   8824 p   6 pouces.

Or, quel est encore le quarré 8824 pieds 6 pouces ? c'est un quarré irrationel & incognoscible. Si
donc dans ces nombres entiers, favorables aux auteurs, & choisis par eux, on ne peut, ni arithmé-
tiquement, ni géométriquement trouver un quarré ;
comment en trouver lorsque le diamétre & la circonférence ne sont qu'un tissu de fractions, peut-être de
différente espece ?

L. Quelle difficulté d'ailleurs pour réduire ces méthodes à la pratique ? prenons pour exemple un baffin d'eau de 53 pieds 8 pouces 9 lignes de diamétre . combien aura-t il de circonférence & combien de furface ? Il faudra 10. felon a méthode de Métius , établir cette proportion , fi 113 donnent 355, combien 53 pieds 8 pouces 9 lignes. Il faudra donc , 2°. réduire les pieds en pouces , & les pouces en lignes : 30 faire une multiplication & une divifion de plufieurs millions. 4°. Mais le quotient aura peut-être une fraction de 113 quatre vingt dix-neuviemes. 5°. Il faudra chercher la racine quarrée du produit : là il pourra encore fe trouver des fractions de différente efpéce , des 99 cent vingt feptiémes , qu'il faudra , par d'autres régies , réduire au meme dénominateur. 6°. Il faudra rétablir les lignes en pouces , les pouces en pieds , & finir enfin , comme un habile Mathématicien , qui après avoir couvert trois pages d'un volume , de chiffres & de nombres fractionnaires , en y ajoutant encore les lettres de l'alphabeth & tous les caractéres algébriques , conclud par un *d-peu-près* ou *environ*.

LI. Ce n'eft cependant là que le plus aifé , car s'il s'agiffoit de la mefure d un fegment , d'un fecteur qui n'eût point de partie aliquote connue avec la circonférence , c'eft à dire qui n'en fût ni la moitié , ni le quint , ni le quart , comment s'en tirer ? plus de regles , plus de principes. Il y a , dira-t-on , des tables , des Sinus , des tangentes & fécantes : les tables de logarithmes ; ce font de belles inventions , mais il y a peut-être un homme fur 100 mil'e qui en ait entendu parler. Ce font des livres couverts de chiffres , & fi abftraits , qu'on ne daigne fouvent ni les acheter ni les lire. C'eft d'ailleurs bien reprocher à l'homme fon ignorance que de l'obliger à porter deux ou trois livres dans fa poche. J'ai demandé à quelques Mathématiciens , quelle étoit la furface d'un cercle de huit pouces de diamétre ; ils m'ont répondu fort gravement qu'ils n'avoient pas leurs tables des Sinus des angles : ils auroient sans doute demandé après, une regle, un compas, un rapporteur, & tous les instrumens des étuits de Mathématiques. Mais comment se servir de ces instrumens pour toiser une piéce de bois, ou mesurer une partie d'étang sur lequel on ne peut aller ni planter le graphométre ? Faut-il donc ignorer le vrai dans le siécle le plus éclairé ? non.

LII. Il est un habile homme qui a déjà pénétré jusqu'à la porte du Sanctuaire de la vérité : c'est l'auteur du livre intitulé, ,, *Recherches philosophiques* ,, *sur l'evidence des verités géométriques.* Il ne s'est point, comme les autres, arrêté aux bornes posées par Archiméde & ses fauteurs. Il n'a point cherché la quadrature du cercle sur un trône qui lui est étranger. Il a cherché la mesure de la circonférence dans son essence même. Il s'y est pris de maniere à la trouver, s'il avoit su calculer : il n'avoit plus qu'un pas à faire pour entrer dans le temple, jusqu'alors fermé aux Philosophes. Il a mesuré des cercles avec tant d'attention & de précision, que l'expérience & l'évidence même lui ont fait voir que le rapport de la circonférence étoit plus grand que 22 à 7, & qu'il étoit, *disoit-il*, comme 360 à 114. J'ai fait mes principales découvertes sur la fin de 1772 ; je les ai annoncées à l'Académie en 1773 au mois de Mars : je n'ai vu cet ouvrage & la personne qui s'en dit auteur, que le 25 Septembre, aussi 1773. Nous avions donc fait des découvertes de même espéce, sans nous être vus ni connus. Nous nous accordons en ce point, que la circonférence de 7 est plus grande que 22 ; parce que nous avons tous deux cherché la vérité sans prévention : c'est ce qui nous a fait appercevoir dans l'essence même des choses, qu'il falloit franchir la barriere de 22 à 7, & qu'Archiméde & les autres s'étoient trompés. Je ne trouve la circonférence du diamétre 114, plus grande que

360 , que d'environ un tiers d'unité (ce que je déter-
minerai pofitivement ailleurs.) Voilà ce qui eft véritablement furprenant , qu'ayant couru tous deux hors
de la lice , & dans un champ non limité par une
voie différente , nous nous foyons néanmoins rencontrés de près. Nous allions par deux routes droites
aux pieds du trône de la vérité ; mais quand il a
été près d'elle , il a pris à gauche. Il s'eft trompé.
Quand même il ne fe feroit pas trompé , fon invention feroit encore *a-peu-près* inutile. Il rejette prefque
partout le caleul , qui eft la partie la plus néceffaire
dans la pratique. On ne porte point le compas fur le
terrein , encore moins dans un marais & fur les va-
gues de la mer. 2o Il ne donne aucune méthode
pour méfurer les fecteurs , les fegmens , les triangles
mixtilignes & les autres portions du cercle. 3°. Le
favant rédacteur de fon ouvrage a un ftile fi grand ,
fi noble , fi majeftueux , & tellement emphatique ,
que des hommes ordinaires ne fauroient fouvent l'entendre : c'eft un aigle qui vole fi haut , que l'œil
humain ne peut l'appercevoir : c'eft un Orphée dont
le langage harmonieux flatte les fens fans éclairer
l'efprit. *Il n'y a point d'autre évidence , dit-il , que celle
qui eft décidée par les fens : on ne peut être détrompé
que par les fens ; les fenfations forment les motifs de
notre volonté :* l'efprit n'a donc plus part à fa géométrie. On peut ajouter que cette raifon , 360 à 114
jette dans les mêmes difficultés que les autres pour
trouver le quarré & la furface d'un cercle.

LIII. Que l'on demande encore à celui-ci quel
eft le quarré numérique de fon cercle de 360 pieds
de circonférence ; fa furface feroit de 10260 pieds ;

54

puifque fi on multiplie   360 pieds
par la moitié du rayon , favoir   28 p.   6 pouces.

                                 2880
                                 720
produit de fix pouces   180

le produit fera   10260 pieds.

Or quelle eft encore la racine quarrée de ce nombre qui n'en n'a point ? c'eft donc encore un quarré irrationnel , ou fans raifon.

LIV. Cet auteur s'appuie fur deux faux principes : il met en problême ce qui n'y eft plus : il apporte prefque partout pour preuve la raifon de la diagonale au côté de fon quarré comme 24 à 17 , ce qui eft évidemment faux ; car il eft certain & démontré , & plus que démontré , que le quarré de la diagonale eft double du quarré d'un des côtés , c'eft à-dire que fi on éleve un quarré fur les angles d'un autre , il devient double de celui-ci. Il ne faut que favoir faire l'enveloppe d'une lettre pour le comprendre. Or ce principe , non contefté par l'auteur même , feroit faux , fi la diagonale étoit à fes côtés comme 24 à 17. Pour le faire voir évidemment , faifons cette fuppofition. Les côtés d'un quarré (fuppofé) font de   170 pieds.
qui multipliés par   170

                                 000
                              1190
                               170

donnent pour produit de la furface   28900 pieds.

28900 & 28900 font 57800 pieds. Or dans les principes

principes de l'auteur , la diagonale de ce quarré ne
feroit que   240
qui multipliés par   240

                                             000
                                          960
                                    480

ne font que   57600 pieds.

Voilà donc une erreur de 200 pieds quarrés fur
environ 140 perches de terre , & de plus de 169
lieues quarrées fur la furface de la France. Il faut encore , le démontrer Je fuppofe la France, quarrée ,
ayant 13 fois 17 lieues, c'eft à-dire 221 lieues de chaque côté ; fa furface feroit de 48 mille 841 lieues
quarrées : car   221
par   221

                                             221
                                            442
                                             442

font   48841

Or la diagonale , felon l'auteur , ne feroit que de
13 fois 24 lieues, ou autrement   312 lieues
qui felon les principes incontef-
tables , étant multipliées par
moitié   156

                                             1872
                                             1560
                                             312

ne feroit que   48672

Si l'on retranche de   48841
ce qui fuit , favoir   48672
il refte   00169 lieues.

Voilà donc une erreur de 169 lieues quarrées : mais comme la France eſt beaucoup plus grande que ce quarré , l'erreur réelle eſt plus grande & monteroit à plus de 185 lieues. Je défie tout le monde géométrique d'attaquer ce raiſonnement.

C'eſt cependant un ſavant, une perſonne en place , un membre d'un célébre corps qui s'attribue l'honneur de ſe tromper ſi groſſiérement. Il n'eſt pas ſurprenant que les prétendus ſages faſſent de ſi faux raiſonnemens quand il s'agit de donner les moyens de conſerver la ſanté , de parler du gouvernement , ou de raiſonner de religion , qui ſont des Sciences profondes , abſtraites & myſtérieuſes , puiſque dans un genre de Science le plus ſimple , le plus démonſtratif & le plus lumineux , on oſe ſoutenir avec chaleur un tel paralogiſme.

LV. Continuons d'examiner les inconſéquences de cet auteur. La raiſon 360 à 114 , eſt comme celle de 60 à 19 , cela eſt clair , puiſque ſi je multiplie 19 par 6 , j'aurai 114 , & que ſi je multiplie 60 par 6 , j'aurai 360. Je ne ſaurois m'empêcher de dire que l'auteur auroit été plus clair & plus ſimple , & que l'on auroit mieux compris ſes figures embrouillées & chargées de lignes & de lettres , s'il avoit dit tout d'un coup , que la raiſon eſt comme 60 à 19. Cela poſé autant qu'on peut le démêler , un cercle ayant 19 pieds de diamétre eſt égal à un quarré de 17 pieds de face ou de 68 pieds de périmétre , & ce quarré eſt égal à un autre dont la diagonale ſeroit de 24 pieds. Calculons ceci ſelon les principes de l'arithmétique & de la géométrie la plus rigoureuſe. La

| circonférence est | 60 pieds | |
| la moitié du rayon est | 4 | 9 pouces. |

	240
produit de 6 pouces	30
produit de 3 pouces	15

ce cercle est donc de   285 pieds de surface,
selon cet auteur.

| Mais | 17 pieds |
| par | 17 |

| | 119 |
| | 17 |

font   289 pieds.

Un quarré dont la diagonale est 24 pieds, n'est que de 288 pieds; car encore une fois, on la multiplie par la moitié de sa longueur, ce qui fait ici 24 par 12, & par conséquent 24 douzaines ou 288. Ne font-ce pas la trois nombres *parfaitement* les mémes 285, 288 & 289?

LVI. Une autre erreur dans laquelle ce savant s'est encore precipité; c'est qu'il a prétendu que la tangente étoit immergée dans l'arc, au moins l'espace d'un dégré : par conséquent que la ligne courbe de l'arc d'un dégré, n'étoit qu'une en longueur, avec la tangente y correspondante & renfermée entre deux perpendiculaires. Or malgré *l'empire absolu des sens*, & quoique cela paroisse aux yeux troubles, l'esprit comprendra toujours que la ligne courbe à côté de la droite & terminée entre deux paralleles, est la plus longue, & qu'elles ne font égales qu'au point de contact. Il y a même de la contradiction à dire qu'une tangente est immergée, puisqu'elle ne feroit que toucher dans un sens, & que dans l'autre elle pénétreroit. Une boule de marbre appliquée fur un autre marbre, entre-t-elle dedans?

Il a donc fuppofé fauſſement que fon petit cercle A, de la planche IX, mefuroit également les parties inclufes de l'arc & de la tangente; de cette erreur primordiale, invifible *par les jens*, font nées foixante-douze erreurs dans fes 72 dégrés. Il feroit peut-être plus honorable pour l'auteur & pour le favant Rédacteur de fes recherches, de dire qu'ils ne l'ont fait que pour piquer les Philofophes géométriques, & pour exercer les novices, que de croire qu'ils ont prétendu démonter.

On doit cependant convenir de la vérité; que c'eſt, des auteurs qui paroiſſent, celui qui a le plus approché de la vérité; que fes mefures font bien prifes, & qu'il n'y a point d'œil qui puſſe appercevoir de faute dans fes cercles & quarrés qui ne font que de trois ou quatre pouces. Il a fuivi la premiere marche qu'on doit fuivre en reportant la mefure de l'arc fur la tangente A C; mais comme dès le premier pas A, il a fuppofé l'arc trop petit, il a dit la circonférence trop petite. Il eſt conféquent en cela. On ne doit donc point être furpris de la grandeur que j'ai citée (art. 52) & qui va être révélée. On pouroit croire toutefois, que fi celui qui fe flatte d'être l'inventeur, ne l'eſt pas en effet; l'auteur a apperçu la vraie raifon, & qu'il a atteint, géométriquement, à la quadrature du cercle; mais que fon Mentor, trop favant, a voulu faire comme les Procureurs, donner des tours & des graces, jetter fur des couleurs fimples & des beautés naturelles, un coloris qui gâroit tout. Il a voulu prouver que la quadrature du cercle avoit une liaifon effentielle avec la raifon numérique de la diagonale au quarré, ce qui n'eſt point: que la regle & le compas *tranchoient net* & que le calcul n'étoit que l'efcorte & l'efclave de la géométrie; tandis qu'il ne s'apperçoit pas que le compas eſt lui-même une mefure numéri-

que , qui a seulement l'avantage de s'alonger & ra-
courcir quand on veut. Il n'y a point d'ouverture
de compas qui ne renferme certain nombre de points.
Celui qui a écrit, tel qu'il soit , a eu grande raison
de s'élever fortement contre le point *idéal mathema-
tique* ; contre le calcul intégral , infinitésimal , différentiel ; contre la méthaphysique , & de n'admettre
que le sensible , puisque le calcul & les sciences
qu'il appelle *abstraits* , sappent ses prétendues démonstrations dès les fondemens

LVII. L'amour de la vérité & le désir de la ven-
ger de ses persécuteurs , m'a peut-être fait trop écrire ;
mais j'estime & respecte infiniment les auteurs
cités ; j'admire en eux des graces & des talens que
je n'ai point : je n'ai que celui d'être sincere , exact
& conséquent. C'est dans cette sincérité & avec la
franchise convenable à mon état , & naturelle à l'homme, né & élevé dans l'Isle de France, que je m'en vais
dévoiler mes principes & donner des leçons à des
hommes incomparablement plus savans que moi ;
mais qui , s'ils sont équitables , reconnoîtront la vérité & lui rendront hommage , quoiqu'elle ne parte
pas d'une main si savante , ni d'une bouche aussi
éloquente que la leur.

Je n'ai donné jusqu'à présent que des idées d'une
géométrie vulgaire & connue de tous les savans.
Si le lecteur croit que j'y suis descendu dans un
détail trop étendu ou trop simple , il est prié de se
souvenir que mon dessein n'est point d'éclairer ceux
qui savent tout , ou croient tout savoir ; mais d'agir en
patriote , & en cette qualité , d'égal à égal , en homme
qui sait un peu & qui ignore beaucoup , & qui néanmoins sait que le plus savant des hommes n'a point tous
les talens ; que de même qu'un grand Seigneur est quelquefois heureux de trouver un homme qui lui paroît
un vil atôme , pour lui enseigner le chemin ; les
plus sages ont quelquefois besoin d'un homme ordinaire pour leur servir de guide & de flambeau.

E iij

TROISIEME SECTION.

LVIII. ON doit concevoir , par ce qui a été dit , 1°. que la conquête de la quadrature du cercle étoit une victoire bien difficile à remporter ; puisque de si grands hommes y ont échoué. 2°. On ne doit point être surpris que l'on ait regardé comme téméraires & mêmes comme foux , ceux qui la cherchoient ; puisque ceux qui en ont parlé ne donnoient que des rapports bizarres , & que quelques uns faisoient des raisonnemens si aveugles & si révoltans. Il ne falloit lire que le *supplément aux élémens de géometrie* par Mr. de Rivard , édition 1744, pour être tenté de jetter le manche après la coignée , & renoncer à la recherche de cette vérité. 3°. On doit sentir qu'il falloit que cette découverte fût très nécessaire , puisqu'il n'y a point de grand Géométre qui n'y ait travaillé , jusqu'à y consacrer un tems considérable , & qui ne se soit épuisé dans des calculs très profonds , mais inutiles ; comme on va le voir par le développement de mon système. C'est dans cette section où je veux donner jour à l'évidence , & manifester une vérité si long-tems cachée : mais avant , je dois prévenir mon lecteur que je ne donnerai dans cette partie que des preuves méchaniques & arithmétiques , dont la force dépend encore un peu des démonstrations géométriques & mathématiques , qui se trouveront dans la partie géométrique , qui sera un second volume. Ces démonstrations seront l'emporte-piece auquel il ne sera presque plus permis de résister sans extravagance.

Je n'ai point donné tout de suite cette seconde partie , parce qu'elle jetteroit nécessairement dans de grands frais pour la construction des planches , que l'on aura soin de faire plus grandes , afin que les mesures y soient plus marquées. 2o. Parce que ceux qui voudront faire des objections solides, auront le plaisir de les y voir & d'en avoir la solution. 3o. Parce que si tous les savans sont décisivement armés contre l'évidence, où si la vérité ne peut paroître sans recevoir d'outrage, j'aurai le plaisir de lui servir d'asyle, & de cacher encore le plus beau de mes secrets. 4o. Je réserve aussi la Trisection de l'angle pour cette partie, parce que ce seroit donner le dénouement de tout, que d'en faire part. La quadrature du cercle n'étant en effet qu'une suite de la Trisection, ou plutôt de l'infini-section de l'angle. Mais cette partie s'accorde parfaitement avec l'autre sans y déroger d'un point : ce sont les poids, les mesures, le calcul, la regle, le compas, la ligne droite & la courbe qui se servent réciproquement. Celle-ci renferme à-peu-près, tout ce qui est nécessaire pour la théorie & la pratique : l'autre rend tout sensible & renferme des figures dont on n'a pas pu parler ici. Celle-ci contient une suite de preuves enchaînées l'une avec l'autre, qui font plutôt un corps de démonstration, que des démonstrations particuliéres ; mais l'harmonie & l'accord qui se trouvent entre tous les nombres, les rapports & les proportions, doivent convaincre le lecteur le plus prévenu ; le forcer à me rendre justice, & à convenir qu'il n'y a point eu de systême mieux suivi, de méthodes plus faciles, de principes plus certains ni plus conséquens. Si j'ai laissé quelque chose à exécuter aux lecteurs, c'est qu'il étoit trop difficile à faire imprimer & pour la raison alléguée dans la Préface ; afin qu'ils soient convaincus par leur propre expérience. J'espére que la vraisemblance, le parfait accord, la correspondance des parties avec leur tout ; l'analogie naturelle des quarrés & des triangles avec les cercles ; certains rapports qui se trouvent entre les démonstrations qu'ont fait les Mathématiciens, & la résolution de mes problêmes, surprendront le

E iv

lecteur, lui feront dire qu'il a plus qu'il n'attendoit, & qu'il accorde fon fuffrage.

PRINCIPES.

LIX. „ La vraie raifon de la circonférence au „ diamétre eft 1792 à 567. « C'eft-à-dire que fi un diamétre eft de 567 pieds, ou toifes, ou lieues, ou perches; la déployée, ou circonférence, fera de 1792 pieds, toifes, ou lieues, &c.

Pour trouver la circonférence par le diamétre, on peut fe fervir, comme autrefois, de la regle de trois, appellée auffi de proportion, en établiffant, par exemple, cette proportion, fi 567 donnent 1792, combien donneront 1134, dont la réponfe feroit 3584. Mais je veux donner de nouvelles regles & des plus aifées.

PREMIER PROBLEME.

Trouver la circonférence d'un cercle par le diamétre.

„ Prenez trois fois le diamétre; enfuite le feptiéme „ d'un diamétre; puis le neuviéme de ce feptiéme, „ & enfin le neuviéme du neuviéme.

EXEMPLE.

Je fuppofe un cercle dont le diamétre foit de	567 perches.
j'ajoute un fecond diamétre	567
un troifiéme diamétre	567
un feptiéme de diamétre	81
un neuviéme du feptiéme qui eft	9
& enfin un neuviéme du neuviéme	1

---

circonférence	1792 perches.

LX. *Seconde méthode pour trouver la circonférence par le diamétre.* (Il ne faut point douter qu'elle donnera le même produit , parce que mes principes ne se démentent jamais d'un point.)

» Retranchez deux neuviémes géométriques , ou » progressifs , du diamétre , & quadruplez le restant » du diamétre , vous aurez la circonférence.

EXEMPLE , *même diamétre* 567.

Le neuviéme de 567 est 63 , reste 504.
Le neuviéme de 504 est 56 , reste 448.
or , quatre fois 448 font très exactement 1792.

LXI. On doit aisément comprendre ce que j'entends ici par deux neuviémes ou huitiémes géométriques , ou progressifs. Si c'est en descer dant , comme dans cet exemple , on prend le neuviéme du tout ; ensuite le 9e de ce qui reste , en continuant s'il est besoin. Je veux , par exemple , ôter trois neuviémes , géométriques , de 81. Le premier réduit le nombre à 72 : le neuviéme de 72 est 8 , reste 64 ; le 9e. de 64 est $7\frac{1}{9^e}$ Reste donc $56\frac{8}{9^{es}}$. De même , je veux ajouter trois huitiémes progressifs à ce dernier nombre 56 8 neuviémes. Le 8e de $56\frac{8}{9}$ est $7\frac{1}{9^e}$ qui y étant ajoutés , font 64 ; le 8e de 64 est 8 , ce qui fait 72 , le 8e de 72 est 9 , ce qui rétablit le nombre 81. On voit que le huitiéme fait en remontant , ce que le 9e fait en descendant , puisqu'ils donnent les mêmes nombres. On monteroit ou descendroit à l'infini par ces deux voies.

LXII. *Troisiéme méthode pour trouver la circonférence par le diametre. Elle est dans le fond la même que la précédente ; mais il convient de la donner pour éclaircir.*

On sait que le quarré tangent est quatre fois le

diamétre, puisque ce quarré tangent, ou circonscrit, est le quarré du diamétre. Le périmétre du quarré tangent est donc dans l'exemple proposé quatre fois 567, c'est-à-dire 2268 ; ,, ôtez de ce quarré tangent, ,, & de tout autre qui vous plaira, deux neuviémes ,, progressifs, vous aurez la circonférence. Opérons, le périmétre est donc ici 2268, dont le neuviéme est 252, reste 2016, dont le neuviéme est 224, reste encore très exactement 1792 pour circonférence.

Quatriéme méthode. Trouver la circonférence par le rayon.

LXIII. ,, Prenez un rayon ; la moitié du rayon ; ,, le septiéme de cette moitié ; ensuite le neuviéme du ,, septiéme, & enfin le neuviéme du neuviéme, puis ,, multipliez le produit par quatre, vous aurez la ,, circonférence. Dans l'exemple ci-dessus, le rayon est 283 & demi, que j'appelle des pieds, que je divise comme il est expliqué au commencement, de 12 en 12, cela dit, j'opére.

Je dis, le rayon est 283 pieds 6 pouces.

je mets donc ici	283 pieds	6 pouces.
dont la moitié est	141	9
dont le 7e est	20	3
dont le 9e est	2	3
dont le 9e est		3

produit	448 pieds o pouces.

Or, 4 fois 448 font encore 1792. C'est ici la même méthode, au fond, que la premiére, parce que une fois & demi le rayon est la même chose que trois demi rayons, en prenant donc le 7e, 9e & 9e, on trouve le quart de circonférence, puisque le demi rayon est le quart du diamétre.

SECOND PROBLEME.

Trouver le diamétre par la circonférence.

On peut toujours fe fervir de la regle de trois ; en établiffant cette proportion, fi 1792 ne donnent que 567, combien tel nombre qu'on voudra ; mais je difpenfe de cette regle.

LXIV. „ Ajoutez à la circonférence donnée, deux „ huitiémes progreffifs & prenez le quart du produit, „ vous aurez le diamétre. Suppofez la circonférence 1792, le 8e de 1792 eſt 224, qui étant ajoutés à 1792 font 2016, dont le 8e eſt 252, ce qui fait 2268, dont le quart eſt 567.

Ce feroit la même chofe fi on prenoit le quart de la circonférence & que l'on y ajoutât deux huitiémes progreffifs ; car le quart de 1792 eſt 448, dont le 8e eſt 56, qui y étant ajoutés, font 504, dont le 8e eſt 63, qui étant ajoutés à 504, font 567. Il eſt évident que cette méthode eſt infaillible, puifqu'on remonte de la circonférence au quarré tangent par les mêmes dégrés par lefquels on defcend du quarré tangent à la circonférence. Il eſt inutile d'objeĉter que je prends un nombre choifi, parce quelque nombre qu'on me propofât, je ni demanderois pas grace de la millionniéme partie d'un point.

E X E M P L E.

Soit un cercle de 7 pouces de diamétre, dont je veux trouver la circonférence par la premiere méthode (art. 59.)

premier diamétre	7 pouces.			
fecond diamétre	7			
troifiéme diamétre	7			
feptiéme	1			
9e du feptiéme	0	1 lig.	4 min.	
9e du neuviéme		0	1	9 prim. 4 f.
circonférence	22 p.	1 l.	5 m.	9 prim. 4 f.

Trouver cette circonférence par la seconde méthode,
(art. 60)

LXV. Le diamétre est donc 7 pouces , j'en ôte
donc les neuviémes cités , ainsi qu'il suit.

diamétre	7 pouces				
dont le 9e est		9 lig.	4 m.		
reste	6 p.	2 l.	8 m.		
dont le 9e est		8 l.	3 m.	6 prim.	8 f.
reste	5 p.	6 l.	4 m.	5 prim.	4 f.
qui multipliés par	4				

font aussi	22 p.	1 l.	5 m.	9 prim.	4. f.

Trouver la circonférence par la troisiéme methode.

Le périmétre du quarré du diamétre 7 pouces

est	28 pouces.				
ôtez en le 9e	3 p.	1 lig.	4 m.		
reste	24 p.	10 l.	8 m.		
ôtez en le 9e	2 p.	9 l.	2 m.	2 prim.	8 f.

il reste	22 p.	1 l.	5 m.	9 prim.	4 f.

On voit toujours le même nombre.

Autre Exemple.

LXVI. *Trouver la circonférence d'un cercle de 9 pouces de diamétre par la premiere méthode (art. 59.)*

1er diamétre	9 p.						
second	9						
troisiéme	9						
septiéme	1	3 l. 5. m. 1 p. 8 f. 6 t. 10 q.					$\frac{2}{7^{es}}$
9e du 7e		1	8	6	10	3	5 $\frac{1}{7^e}$
9e du 9e			2	3	5	1	8 $\frac{4}{7^{es}}$
circonfér.	28 p. 5 l. 4 m.	0	0	0	0	0	

Trouver la même circonférence par la troisiéme méthode, (art. 62.)

Le périmétre du quarré circonscrit au cercle de 9 pouces de diamétre, est de 36 pouces, dont si on ôte le 9e qui est 4, il reste 32 ; le 9e de 32 est 3 pouces 6 lignes 8 minutes, qui érant ôtés de   32 il ne reste plus

que   28 p.   5 l.   4 min.

même nombre que dessus.

Autre Exemple.

Je prends pour diamétre le nombre le plus difficile qui se présente à ma mémoire, savoir 99 pieds

11 pouces 11 lignes 11 minutes, j'opére par la pre‑
miere méthode. (art. 59)

```
99 p 11 p 11 l 11 m
99    11   11   11
99    11   11   11
```

$$7^e\ 14\quad 3\quad 5\quad 1\quad 6p\ 10\,\mathrm{s}\,3\,t\,5\,q\,1\,c\,8\,\mathrm{s}\,6\,\mathrm{s}\,10\,h\ \tfrac{2}{7^{\mathrm{es}}}$$

$$9^e\ 1\quad 7\quad 0\quad 6\ 10\quad 1\ 1\ 8\ 6\ 10\ 3\quad 5\ \tfrac{1}{7}$$

$$9^e\qquad 2,\ 1,\ 4,\ 9,\ 1,5,6,\ 3,\ 5,1,\ 8,\ \tfrac{4}{7}$$

$$316p\quad 0p\ 6,\ 10,\ 2,\ 0,10,8,\ 0\ 0\ 0\ \cdot\ 0\ 0$$

Par la troifiéme méthode. Quatre fois 99 p. 11 p.
11 l. 11 minutes.

font	399 pieds 11 p 11 l. 8 m				
dont le 9e eft	44	5	3 11	6 p 8 f	
refte	355	6	7 8	5 4	
dont le 9e eft	39	6	0 10 3	3 1 4	

---

refte   316 p   0, 6, 10, 2, 0,10,8,

même nombre que deſſus.

Nota. Après que le manuſcrit de cet ouvrage a
été fait, l'auteur s'eſt apperçu que les nombres 1792
& 567 avoient un diviſeur commun ; favoir, le nom‑
bre 7 par lequel ſi on diviſe 1792, on aura 256 au
quotient ; ſi par ce même nombre on diviſe 567, on
aura 81 au quotient : d'où il arrive que le rapport
de la circonférence peut s'énoncer ainſi , *la circon‑
férence eſt au diamétre comme 256 font à 81.* C'eſt en
effet le même rapport que 1792 à 567 : cela eſt fa‑
cile à démontrer : puiſque ſi on établit cette propor‑
tion géométrique 81. 256 : 567. 1792 , on trouve

que le produit des moyens eſt égal à celui des extrêmes (ce qui eſt le propre de toute proportion géométrique) c'eſt-à-dire que ſi on multiplie 256 par
567 qui ſont les deux termes moyens (ou médiaires)
on trouve pour produit 145152 : de même que ſi
on multiplie 1792 par 81 qui ſont les deux termes
extrêmes , on trouvera auſſi 145152.

Comme beaucoup de jeunes gens ne conçoivent
pas l'uſage d'une proportion géométrique , je dirai
encore que c'eſt la même choſe qu'une regle de
trois , qui dans l'eſpéce préſente s'énonceroit ainſi :
ſi 81 donnent 256 , combien donneroient 567 ? dont
la réponſe feroit 1792.

Si on double , triple , quadruple , quintuple l'an-
técédent de cette proportion , c'eſt-à-dire les deux
termes (ou nombres) 81 & 256 , en mettant toujours
567 pour troiſiéme terme , on trouvera toujours pour
réponſe 1792. Par conſéquent dire que la raiſon de la
circonférence au diamétre eſt en nombres entiers ,
comme 1792 eſt à 567 , c'eſt dire qu'elle eſt auſſi
comme 81 eſt à 256 : comme 162 ſont à 512 : comme
243 ſont à 768 : comme 324 ſont à 1024 : comme
405 ſont à 1280 : comme 486 ſont à 1536 : de ſorte
que ſi on faiſoit les ſix queſtions ſuivantes ; ſavoir ,

ſi   81 donnent   256 combien 567 ?
ſi 162 donnent   512 combien 567 ?
ſi 243   768 c.   567 ?
ſi 324   1024 c.   567 ?
ſi 405   1280 c.   567 ?
ſi 486   1536 c.   567 ?

On trouveroit toujours pour réponſe , ou quatriéme terme de la proportion , le nombre 1792 On
ne manquera donc plus de rapports en nombres
entiers , puiſqu'en voilà ſix , ſans compter le ſeptiéme
567 à 1792 , ni une infinité d'autres au deſſus de
ces nombres. Quoiqu'on n'ait parlé dans le corps de
l'ouvrage que de celui de 1792 à 567 on pourra
choiſir de ceux-ci, celui que l'on voudra. Le moindre

qui eſt 81 à 256 , ſera le plus facile pour ceux qui ſe ſerviroient de la regle de trois , parce qu'il montera moins haut dans les diviſions & multiplications. On a encore ici cet avantage que ce rapport eſt le moins haut en nombres qu'on ait jamais propoſé , ſi non celui de 7 à 22 , & celui de 19 à 60 (art. 55.) qui étoient faux. Cette digreſſion néceſſaire étant faite , je reviens à mon ſujet.

LXVII. On voit donc , 1o. que la circonférence eſt comme 1792 à 567. On voit 2o une , deux , trois & quatre méthodes arithmétiques & en même tems géométriques , pour trouver la circonférence par le diamétre. 3o. Une , & même deux méthodes pour trouver le diamétre par la circonférence. 4o. Que le périmétre du quarré circonſcrit eſt en nombres entiers , à la circonférence , comme 81 eſt à 64 , puiſqu'il ne faut en ôter que deux neuviémes géométriques. 5o. Que le diamétre eſt auſſi au quart de la circonférence comme 81 eſt à 64 par la même raiſon. 6o. Que l'on peut parvenir à la connoiſſance de la circonférence & du diamétre ſans regle de trois , ſans multiplication & même ſans diviſion complexe , puiſqu'il ne s'agit que de diviſer par 7 & par 9. 7o. Que les nombres les plus difficiles peuvent être ſoumis à ce calcul. 8o. qu'il ne ſe trouve jamais au produit des fractions que d'une même eſpéce : car en pouſſant les fractions aſſez loin , elles finiſſent toujours comme dans les exemples précédens par $\frac{2}{7^{es}}$ $\frac{1}{7^{e}}$ & $\frac{4}{7^{es}}$ qui réunis , font une unité fractionnaire. 9o Que les opérations faites différemment , donnent le même produit : Qu'enfin je ne me ſers point de ces expreſſions *preſque* , *à-peu-près* , *environ*

Que l'on convienne donc qu'il y a déjà quelque choſe de flatteur , d'utile & d'admirable. En effet , ſi on compare ces méthodes avec les 99es de 1797 , avec les dix millionniémes de 168 , qu'en doit-on conclure ?

LXVIII.

LXVIII. Quand on a le bonheur d'être fincere ;
on ne peut rien diffimuler. Si on changeoit la façon
de nombrer , & que l'on demandât la circonférence
d'un cercle de 100 pieds un dixiéme ; ou de 140 un
onziéme de pied , comme cela n'exprimeroit plus des
pouces , des lignes & la fuite , on fe trouveroit plus
embarraffé ; mais on pourroit lever les difficultés en
prenant le feptiéme d'un dixiéme qui eft un foixante
dixiéme , ainfi que le neuviéme d'un dixiéme , qui eft
un 90e : outre ce , on peut réduire tout en dixiémes ,
en onziémes , & le refte felon le befoin. S'il s'agiffoit de multiplication , on s'en tireroit toujours par
les parties aliquotes. Au refte , fi cela méritoit s'appeller une difficulté , on pourroit la faire à ceux qui
fe fervent des décimales , des perches , des toifes ,
en leur donnant , par exemple , une longueur de

100 perches $\dfrac{1}{19^e}\ \dfrac{1}{4^{1e}}\ \dfrac{1}{5^{0e}}$ à multiplier par 9 perches

$\dfrac{1}{12^e}\ \dfrac{1}{59^e}$: ou 20 toifes un onziéme , un treziéme à

divifer ou multiplier par 13 toifes un feptiéme & un
cinquieme. Ceux qui font des queftions , doivent fe
fervir des termes propres à chaque art. Ce feroit une
fotte queftion que de demander quelle feroit la furface
d'un champ qui auroit 10 perches 5 dixiemes , 2 toifes ,
cinq coudées , trois pans & une aulne de longueur ,
fur autant de largeur. Ma pratique , comme celle des
décimales , s'étend jufques à l'infini ; il n'y a que la
fuprême intelligence qui apperçoive la longueur d'une
feconde , quelle eft donc une tierce , une quatriéme , &c.

Quoique je puffe faire l'application à d'autres mefures , je ne me fervirai que de celle-là , en ce fens ,
qu'après avoir expliqué l'efpéce des nombres entiers ,
j'en appellerai les parties des pouces , des lignes ,
des minutes , &c. on comprendra facilement que lorfque le tout principal fera compofé de lieues , de perches , ce que j'appellerai alors un pouce , fera la

douziéme partie d'une lieue , d'une perche , & ainſi de toute autre meſure. Les noms ſont arbitraires & ne changent point l'eſſence des choſes. Le douziéme d'une lieue, d'une perche, d'une toiſe, d'une aulne, qui ſont radicalement compoſées de pieds , eſt encore plus facile à concevoir qu'un dixieme On eſt encore bien moins éloigné du langage ordinaire dans la ſociété , quand on l'appelle *un pouce* , que lorſque l'on dit dans la myſtérieuſe Algébre *par conſéquent*

$$\frac{a\,c}{b} = \frac{b\,x}{b}. \qquad \text{Or } \frac{b\,x}{b} = x. \text{ Donc } \frac{a\,c}{b} =$$

$$x \ \text{ ou } x = \frac{a\,c}{b}$$ &c. Cela dit & expliqué , voyons les admirables conſéquences qui ſuivent des princi- pes fondamentaux.

TROISIEME PROBLEME.

Trouver un quarré égal en ſurface au cercle dont on connoît le diamétre.

LXIX. Rien de plus ſimple. „ Otez le neuviéme „ du diamétre & élevez un quarré ſur les huit neuvié- „ mes reſtants , il ſera égal en ſurface au cercle. Re- prenons nos cercles ſuppoſés.

Le 9e de	567
eſt	63
reſte	504
qui étant multipliés par	504

2016
0000
2520

ſont	254016

On doit fe rappeller que la circonférence multipliée par la moitié du rayon , donne la vraie furface.
Aucun Mathématicien n'ofe le nier.

La circonférence eft dans l'exemple propofé , le
nombre   1792

la moitié du rayon eft   141 $\frac{3}{4}$

	1792
	7168
	1792
produit d'une demi unité	895
produit d'un quart d'unité	448

---

furface   254016

S'en manque t'il un point que l'un ne foit égal à
l'autre ? puifqu'il y a à l'un comme à l'autre 254
mille 0 16 unités.

LXX. Je me donne encore la peine de calculer
les deux cercles qui fuivent ce premier. L'un eft de
7 pouces de diamétre, & de 22 pieds 1 ligne 5 min.
9 primes 4 fecondes.

Le neuviéme de   7 pouces

eft		9 lignes	4 minutes	
refte	6 p.	2 l.	8 m.	
fi je multiplie	6 p.	2 l.	8 m.	
par	6 ,	2 ,	8 m. 0	0

---

		4 ,	1 , 9 , 4
	1	0	5 4
	37	4	0

---

j'aurai   38 p.   8 l.   7 m. 1 p. 41

Si je multiplie auſſi la circonférence par la moitié du rayon.

circonférence	22 p. 1 l. 5 m. 9 pr. 4 ſ.
moitié du rayon	1 p 9 l.

	22 ,	1 ,	5 ,	9 ,	4
pro. d'un demi pouce	11 ,	0 ,	8 ,	10 ,	8
pro. d'un quart de pouce	5 ,	6 ,	4 ,	5 ,	4

j'aurai auſſi	38 p. 8 l. 7 m. 1 p. 4 ſ.

Eſt-ce-là demander grace ?

Faiſons la même opération pour le cercle de 9 pouces de diamétre. Ce cercle, comme il a été dit, eſt de 28 pouces 5 lignes 4 minutes de circonférence.

calculons donc	28 p. 5 l. 4 m.	
par la moitié du rayon, ſavoir	2	3

	56	10	8
produit d'un quart de pouce	7	1	4

ſurface	64 p. 0 0

N'ayant que 9 pouces de diamétre, ſi j'en ôte le neuviéme, un pouce, il ne reſte que 8 pouces, qui multipliés par 8, font évidemment 64 pouces de ſurface.

LXXI. Voilà donc trois cercles réduits au quarré de la maniere la plus utile, la plus intelligible, & la plus ſimple; puiſqu'il ne s'agit que de retrancher le 9 du diamétre, pour avoir le côté d'un quarré, dont la ſurface ſera égale à celle du cercle. Cette méthode eſt arithmétique & géométrique : puiſqu'on peut aiſément la mettre en pratique par le calcul, comme on le voit, ou à la perche, à la toiſe, à la regle

& au compas. Il n'y a que ceux qui n'auroient pas la moindre teinture de la géométrie, qui pourroient demander s'il en eft de même de autres cercles, car qui fait en quarrer un, fait les quarrer & mefurer tous. Ainfi fi le diamétre eft de 9, 18, 36 pieds, perches, pas, &c. il faut en retrancher 1, 2 ou 4 pieds, perches ou pas, &c.

N'avois je donc pas raifon d'écrire à Mr. . . . . . (homme que je refpecte d'ailleurs infiniment,) que lorfque j'aurois donné mes principes, il pouroit mefurer un cercle avec fa canne S'il a cru avoir droit de s'en fâcher ; n'a-t-il pas plus de motifs d'avoir honte de n'avoir pas daigné répondre aux lettres les plus humbles & les plus refpectueufes, & d'avoir manqué ainfi aux premieres regles de la bienféance & de la politeffe ? chaque membre d'un fociété a fa place & fa fonction. Ceux qui ont feulement lu les fables d'E-fope, comprennent que ce que l'on admire le plus dans un corps, eft fouvent le plus inutile & quel-quefois à charge. Si mes principes font certains, comme on doit l'appercevoir, & comme je le dé-montrerai, j'ofe dire que c'eft l'ouvrage d'un immor-tel. Or, puifque j'offrois de démontrer par les prin-cipes les plus certains, de mathématiques, il devoit au moins me répondre que la lice étoit fermée, & qu'il n'étoit pas permis à un citoyen de fe préfenter au combat.

QUATRIEME PROBLEME.

Trouver un quarré égal au cercle dont on ne connoît que la circonférence.

LXXII. „ Ajoutez à la circonférence un huitiéme, vous aurez le périmétre du quarré, qui eft égal au cercle quelle renferme. Prenons, pour la commo-dité du lecteur, le cercle de 9 pouces de diamétre :

fa circonférence eſt (art. 66)   28 p. 5 l. 4 m.
dont le huitiéme eſt   3 p 6 l. 8 m.

---

produit   32 p. 0 0

Ce qui étant diviſé en quatre , fait la hauteur d'un quarré de 64 pouces de ſurface , ou 8 pouces chaque côté.

CINQUIEME PROBLEME.

Trouver géométriquement , ou par le calcul , le diamétre d'un cercle égal en ſurface à un quarré donné.

LXXIII. „ Ajoutez à la hauteur d'un quarré , un „ huitiéme , vous aurez le diamétre d'un cercle égal à „ ce quarré Cela ſuit évidemment des principes. On vient de faire voir qu'en ôtant le 9e du diamétre 9 pouces , ce qui reſtoit ; (ſavoir, 8 pouces,) étoit le côté d'un quarré égal au cercle : par conſéquent ſi on ajoute à ce quarré de 8 pouces de hauteur , un *huitiéme* , qui eſt un , on aura le cercle de 9 pouces de diamétre égal au quarré.

Tout homme qui aura l'eſprit un peu géométrique , comprendra que pour avoir un quarré égal au cercle , il eſt indifférent de retrancher un neuviéme de la diagonale du quarré tangent , ou un neuviéme du diamétre. C'eſt , par exemple , la même choſe de retrancher le 9e du diametre A B (figure 6e art. 18.) ou le 9e de la diagonale H J. C'eſt de même la même choſe , d'ajouter un 8e à l'une ou à l'autre ligne d'un quarré égal à un cercle , pour faire un quarré circonſcrit. En peu de mots , de quelque côté qu'on l'enviſage , le quarré circonſcrit au cercle , eſt au quarré égal en ſurface comme 9 eſt à huit , comme 18 eſt à 16 , &c. Mais il faut remarquer ſur tout , que c'eſt une diagonale que je compare avec une autre diagonale correlative , & non pas la diagonale avec le quarré des côtés.

*Seconde méthode pour trouver , ou former géométrique-
ment , un quarré égal a un cercle.*

LXXIV. „ Ajoutez un huitieme au diamétre : ran-
„ gez , dans l'ordre qui fuit , trois fois la longueur
„ trouvée ; ajoutez y le feptiéme d'une longueur ;
„ enfuite le neuviéme du feptiéme , & enfin le neu-
„ viéme du neuviéme, vous aurez le périmétre d'un
„ quarré égal au cercle Prenons encore pour exemple le diamére de 9 pouces. J'y ajoute un huitiéme
qui eft un poue 1 ligne 6 minutes , ce qui fait

    10 p. 1 l. 6 m.
    10   1   6
    10   1   6   dont le

7e   1   5   4   3 pri. 5 fe. 1 tier. 8 qu. 6 ci 10 fix. $\dfrac{2}{7^{es}}$

9e   1 , 11 , 1   8 , 6 ,   10 ,   3 ,   5 , $\dfrac{1}{7}$

9e   2 , 6 , 10 , 3 ,   5 ,   1 ,   8 , $\dfrac{4}{7}$

____

pr. 32 p. 0 , 0 , 0 ,   0 ,   0 ,   0 ,   0 ,   0 ,   0

Or , un périmétre de 32 pouces , forme un quarré
de 64 pouces : cela eft évident , puifque chaque côté
eft de 8 pouces.

*Des différentes maniéres de trouver la furface d'un
cercle indépendamment du quarré. Premiére methode.*

LXXV Reprenons le premier cercle dont la circonference eft 1792. J'en prends le quart , qui eft

448 que je multiplie par le même nombre :
448

3584
1792
1792

200704

j'ajoute à ces 200704
un 8e qui est   25088

ce qui fait   225792
j'ajoute un 8e   28224

ce qui fait   254016 surface du cercle , comme on la vu (art. 69.) c'est-à-dire , toujours 254 mille 0 16.

Seconde méthode pour trouver la surface d'un cercle.

LXXVI. » Prenez la moitié du produit du quarré » circonscrit , c'est-à-dire le quarré inscrit ; « car on fait que le quarré circonscrit est construit sur la diagonale du quarré inscrit , & qu'ainsi l'un est double , & l'autre moitié de l'autre. » A ce quarré inscrit , » ajoutez la moitié de lui-même ; plus , le septiéme » de cette moitié , le 9e du septiéme & le 9e du » neuviéme , vous aurez la surface du cercle. Prenons encore pour exemple le cercle de 9 pouces de diamétre. Supposons un instant que le cercle , (art 18.) est de 9 pouces de diamétre , son quarré tangent seroit de 81 pouces quarrés ; le quarré inscrit seroit de 40 pouces & demi. Afin qu'on l'entende mieux , il est composé des deux triangles rectangles , A B D & A B C de chacun 9 pouces de bâse , A B , &

de 4 pouces & demi de hauteur O D & O C ; ce
qui fait 9 fois 4 pouces & demi , ou 40 pouces 6 lignes. Cela entendu , j'opére ainsi ,

$$40 \text{ pouces } 6 \text{ l.}$$

dont moitié est 20 p.   3 l.

dont le 7e est   2 p.   10 l. 8 m. 6 p. 10 s. $\dfrac{2}{7}$

dont le 9e est   3 , 10 , 3 , 5 , $\dfrac{1}{7}$

dont le 9e est   5 , 1 , 8 , $\dfrac{4}{7}$

---

surface   64 pouces 0 , 0 , 0 , 0 , 0

Troisiéme méthode pour avoir la surface d'un cercle.

LXXVII. „ Suppofez deux diamétres perpendicu-
„ laires comme A B & C D dans la figure (art. 18.)
„ retranchez deux neuviémes progreffifs d'un dia-
„ métre & multipliez par l'autre , vous aurez la surface.
Même exemple , le 9e de 9 pouces est un pouce ,
reste 8 : le 9e de 8 pouces est 10 lignes 8 minutes ,
reste   7 pouces 1 ligne 4 minutes ; qui
multipliés par   9

---

font toujours   64 pouces 0   0

Quatrieme méthode pour trouver la surface d'un cercle.

LXXVIII. „ Prenez un rayon ; ajoutez-y la moitié ;
„ le feptiéme de la moitié ; le neuviéme du feptiéme ,
„ & le neuviéme du neuviéme ; multipliez par un
„ diamétre , vous aurez la surface du cercle. Le rayon

dans ce dernier exemple eſt 4 p. 61.

dont moitié eſt		2	3	
dont le 7e eſt		3	10 m.	$\dfrac{2}{7}$
dont le 9e eſt			5	$\dfrac{1}{7}$
dont le 9e eſt				$\dfrac{4}{7}$

produit	7 p. 1 l.	4	0
qui multipliés par	9		

ſont toujours	64 p. 0	0

On voit que ce n'eſt qu'une différente maniére d'o-
pérer. La vérité eſt d'autant plus ſenſible ici, que
c'eſt le quart de la circonférence multiplié par le
diamétre, ce qui eſt très conforme aux regles de
géométrie.

LXXIX. Il y a encore pluſieurs méthodes dont
je ne parle point ; ſi j'en dis quelque choſe, ce ſera
dans la partie géométrique. On peut meſurer le cercle
de plus de vingt maniéres arithmériques géométriques,
qui s'accordent toutes entr'elles & qui ne laiſſent jamais aucun vuide.

On voit par ce qui eſt dit (art. 76) que les ſegmens
compris entre le quarré circonſcrit & le quarré inſcrit (comme dans la figure 6e (art. 18) contiennent
la moitié du quarré inſcrit, plus un 7e de cette moitié, le 9e du 7e, & le 9e du 9e ; où ce qui revient
au même, ou'ils ſont à l'égard du quarré inſcrit,
comme 40 & demi ſont à 23 & demi, & en nombres
entiers, comme 81 ſont à 47. Mais qu'à l'égard du
quarré circonſcrit ils ſont en proportion, comme 81
ſont à 23 & demi, & en nombre entiers, comme
162 (qui ſont le double de 81) ſont à 47. On voit

enfin que ces fegmens font à l'égard des lacunes ; comprifes entre la circonférence & les angles du quarré circonfcrit , comme 23 & demi font à 17 , & en nombres entiers , comme 47 à 34.

LXXX. On peut donc auffi parvenir à la connoiffance de la furface de toutes les parties effentielles du cercle , par ces moyens , dès que l'on en connoît le diamétre ; car dès que l'on connoît le diamétre , on fait quel eft le quarré circonfcrit ; puifque ce quarré eft de la hauteur du diamétre. Or fachant quelle eft la furface de ce quarré , veut-on avoir la furface du quarré infcrit ? on prend la moitié. Veut-on avoir la furface du cercle , outre toutes les méthodes données , on peut établir cette proportion , fi 81 pour le quarré circonfcrit donnent 64 pour le cercle , combien un quarré circonfcrit de 144 pieds , ou de 12 pieds de hauteur donnera-t-il pour le cercle y infcrit ? réponfe 113 pieds 9 pouces 4 lignes. Veut-on favoir quels font les fegmens ? on peut établir cette proportion , fi 162 donnent 47 , combien , combien , &c. Veut-on favoir quelle eft la furface des lacunes ? on établira cette proportion , fi 81 donnent 17 , combien , par exemple 100 , 1000 ou 10000 , &c. Enfin veut-on favoir quelle eft la furface d'un dégré , de ce que l'on appelle en terme de géographie , une minute , une feconde , &c. on cherche par telle de ces méthodes qu'on voudra , la furface du cercle , & l'on établit fa proportion. Si le cercle étoit je fuppofe de 100 lieues quarrées , on diroit , fi 360 dégrés donnent une furface de 100 lieues , combien fera celle d'un dégré ? il eft évident quelle feroit une 360e partie de 100 lieues Je ne touche donc point à la fcience des Géométres , que je refpecte ; je ne fais que la fimplifier & l'enrichir. Car outre ces moyens ordinaires , en voici d'autres rélatifs à mes découvertes , qui jufqu'alors ont été inconnus.

De la mesure des secteurs.

LXXXI. Pour avoir la mesure d'un secteur renfermé dans quel nombre de dégrés que l'on voudra, il faut savoir ce qu'est ce secteur au cercle, s'il est un tiers, un quart, un huitiéme, un sixiéme, &c. Il faut ensuite prendre pour sa bâse une partie proportionnelle du quarré tangent & retrancher deux neuviémes progressifs du produit.

E X E M P L E.

Je suppose un secteur du cercle de 9 pouces de diamétre qui en soit le tiers, ou de 120 dégrés ; je prends le tiers du périmétre du quarré circonscrit, qui étant de 36 pouces, a pour son tiers 12 pouces. Je conçois donc un triangle qui auroit pour bafe 12 pouces & pour hauteur le rayon qui, dans l'hypothése, est de 4 pouces 6 lignes, que je multiplie par 6, moitié de la bâse 12, ce qui donne 27 pouces, j'en ôte le neuviéme, 3, reste 24 : j'en ôte le 9e, 2 pouces 8 lignes, reste 21 pouces 4 lignes : ce qui fait évidemment le tiers de 64 pouces. Il est sensible, cela posé, que si je prends un secteur des deux tiers du même cercle, il faudra que je prenne les deux tiers du périmétre 36 pouces, ce qui fera une bâse de 24, dont la moitié est 12, qui étant multipliés par 4 & demi, font 54 pouces. Or, si j'en ôte le 9e, qui est 6, il reste 48 : si j'ôte le 9e de 48, qui est $5\frac{1}{3}$, il reste 42 pouces $\frac{2}{3}$ qui font, très certainement, les deux tiers de la surface du cercle 64 pouces.

Supposons encore un secteur d'un huitiéme du cercle, il doit être, eu égard au cercle proposé, de 8 pouces de surface. Pour savoir si cela s'accorde,

Je prends un huitiéme du périmétre ; 36 pouces , qui
eſt de 4 pouces 6 lignes , dont la moitié

	2 p.	3 l.
eſt		
qui étant multipliés par le rayon	4	6

	9	o	
produit du demi pouce	1	1	6 m.

donnent pour produit	10 p. 1 l. 6	

Or , le 9e de 10 pouces 1 lignes 6 minutes , eſt un
pouce 1 ligne 6 minutes , reſte 9 pouces , dont le 9e
eſt 1 , reſte donc 8 pouces. Il eſt a obſerver que l'on
peut faire ſur le quart du cercle ce que l'on fait ſur
le périmétre entier : il eſt évident que le 8e du cercle
eſt la moitié du quart ; qu'ainſi prenant la moitié du
quart , c'eſt la même choſe que de prendre le 8e du
tout.

LXXXII. La pratique qui vient d'être donnée doit
être concevable , puiſque c'eſt toujours multiplier la
moitié de l'arc par le rayon , parce qu'en ôtant ainſi
deux neuviémes de la partie que l'on fait répondre
intellectuellement de la tangente à l'arc , on trouve
la meſure réelle de l'arc.

On ſent bien que lorſqu'il s'agira de parties plus
décompoſées , comme de 17 dégrés 17 minutes , de
13 dégrés 57 minutes , le calcul ſera beaucoup plus
difficile. On conçoit bien auſſi qu'il faudra , dans la
pratique , avoir recours au graphométre , & quelquefois ſe ſervir du rapporteur ; mais on doit remarquer
qu'il ne s'agit pas ici de cercles entiers , puiſqu'il
n'y eſt queſtion que des parties décompoſées du cercle ; d'ailleurs je ne diſpenſe pas de ce qui eſt eſſentiellement néceſſaire & je ne fais point le phyſique-
ment impoſible.

Des ſegmens. Maniere de les meſurer.

LXXXIII. Lorſqu'on a devant les yeux un ſecteur

tel qu'il foit , par exemple , la figure qui fuit , &
que par les méthodes précédentes on a trouvé fa
furface , il n'eft pas difficile de trouver la furface du
fegment par voie de déduction.

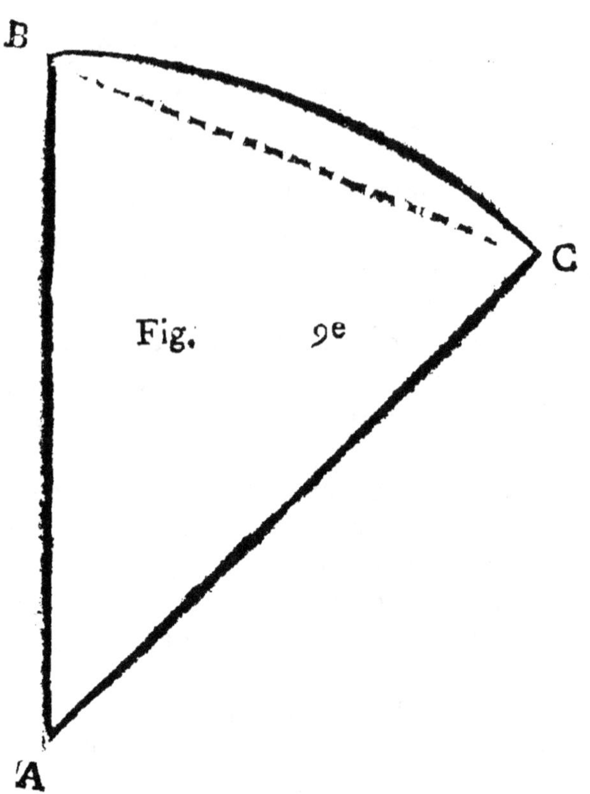

Si ce fecteur eft , comme on a eu deffein de le
faire , de 45 dégrés , ou $\dfrac{1}{8_e}$ de cercle , & que l'on ait
trouvé fa furface , il ne faut plus que chercher la furface du triangle y infcrit : ce qu'il y aura de moins
que le fecteur entier , fera la furface du fegment. Si ,
par exemple , un fecteur étoit de 10 pieds de furface ,
& que le triangle y infcrit ne fut que de 9 , ce feroit
une marque que le fegment feroit d'un pied de furface.
Mais quand il s'agit d'en parler métaphyfiquement ,

fans les voir, il n'eft pas facile d'en trouver la furface particuliére ; par exemple, il ne feroit p s facile s'il n'eft pas impoffible, de dire quel e feroit la furface du fegment d'un arc de 20 dégres, dont le rayon feroit 50 pieds : cependant je pourrai donner en géométrie quelque éclairciffemens (fur cette partie,) qui feront très utiles au moins dans l'arpentage.

LXXXIV. Faifons ici quelques réflexions. Eft il poffible qu'un fyfteme faux, prefentât d'auffi belles faces que l'erreur pût fe parer de fi belles nuances, & décorer fon vifage difforme, de fi beaux traits ? De tous les auteurs qui ont parlé de la courbure du cercle, en eft-il un qui fe fuive mieux, ou qui conclue auffi juftement ? En eft-l feulement un qui ait embraffé toutes les parties du cercle, ou qui ait feulement donné le quarré relatif à fa prétendue découverte ? En eft il un qui, du moins, s'accorde auffi bien avec lui-même, & qui foit plus conféquent dans fes principes ?

Il feroit peut-etre plus glorieux pour moi que mon fyftème fût faux que vrai : car il eft certain qu'un fyftème faux, dont les principes paroitroient auffi naturels, & s'offrir ainfi d'eux mêmes ; dont l'ufage flatteroit autant la commodité publique ; dont la pratique feroit auffi facile & dont les conféquences feroient, ou paroitroient du moins, auffi juftes ; annonceroit un génie bien pénétrant pour auteur. Il feroit plus grand que l'inventeur de la vérité, puifqu'il donneroit les plus belles formes à l'erreur, & qu'il donneroit au menfonge les couleurs les plus vives & les plus frappantes de la vérité : puifqu'il enchaineroit une multitude de fauffetés, par mille nœuds que perfonne ne pouroit dénouer, ni même appercevoir ; puifque la caufe entre les mains produiroit prefque tous les effets qu'il voudroit. Je fuis très perfuadé que fi Archiméde, ou autre perfonne de nom, en euffent fait voir autant, on ne leur en eût jamais demandé d'autres preuves. Cependant on va voir que je n'en reſte point là , & que je donne à chacun , des moyens de ſe ſatisfaire par ſa propre expérience.

Expériences faites par l'auteur , & qui tiendront lieu de démonſtrations inſtrumentales ou méchaniques , pour les perſonnes qui daigneront les verifier ?

LXXXV. Voici les expériences que j'ai faites , & qu'il eſt permis à tout homme de faire. Je croyois de bonne foi qu'Archiméde avoit été exact dans ſes meſures & qu'il ne s'étoit point trompé ; j'étois donc comme les autres , prévenu & porté à croire que la circonférence étoit moindre que 22 à 7. Je me procurai un petit compas invariable , tel que ſeroit la lamme d'un couteau à deux tranchans , ouverte à la pointe , & qui par conſéquent , ne pouvoit s'ouvrir ni ſe fermer. Il n'avoit pas une demie ligne d'ouverture. Je le portois ſur un diamétre , en reportant la pointe dans chaque point ; je le portois exactement ſur la circonférence , je trouvois toujours la circonférence plus grande que 22 à 7 , & cela ſur grand nombres de cercles & de différente grandeur. Je commençai à être Philoſophe & à me défaire de la prévention dont tout homme ſenſé ne doit point être l'eſclave. J'avois juſques-là combattu la vérité tant que j'avois pu ſans la connoître , parce que je préſumois que la raiſon étant audeſſous ou audeſſus de 22 , jetteroit dans des fractions tres difficiles : mais enfin , en étant l'amateur , je fus obligé de lui céder. Voici entr'autres les rapports que je trouvois entre les diamétres de ſept cercles & leurs circonférences.

Premier Cercle.

Je trouvai ſon diamétre de 415 fois l'ouverture de ce petit compas. La raiſon de 7 à 22 devoit donner ſur la ligne circonférentielle 1304 $\frac{2}{7^{es}}$ j'en trouvai 1312.

Second

Second Cercle.

Je trouvai le fecond diamétre de 196 fois l'ouverture du compas. Le rapport de 7 à 22 devoit donner
fur la circonférence 616, je la trouvai de 622.

Troifiéme Cercle.

Je mefurai un autre diamétre ; je le trouvai 199
fois cette ouverture. La raifon de 7 a 22 devoit donner 625 $\frac{3}{7^{es}}$ fur la circonférence que j'ai trouvée de
631 & demi.

Quatriéme Cercle.

J'en mefurai un autre ; je trouvai fon diamétre de
434 fois cette ouverture de compas. Sa circonférence, felon le rapport de 22 à 7, devoit être de 1364,
je la trouvai de 1374.

Cinquiéme Cercle.

J'en mefurai encore un ; je trouvai fon diamétre de
177. Le rapport de 22 à 7 donneroit à la circonférence 556 $\frac{2}{7^{es}}$, je l'ai trouvée de 559.

Sixiéme Cercle.

J'en mefurai encore un autre ; je trouvai le diamétre de 198. La raifon de 22 à 7 devoit faire la circonférence de 622 $\frac{2}{7^{es}}$, je la trouvai de 625.

Septiéme Cercle.

Je mefure enfin le diamétre d'un cercle ; je le
trouve de 252 ouvertures du compas. La circonférence devoit être, felon la raifon de 22 à 7, de 792,
je l'ai trouvée de 796.

G

Remarques.

Il ne faut pas croire 1o. que je donne ceci comme des preuves infaillibles, comme certain auteur déjà cité, qui foutenoit l'infaillibilité de fon compas & de fa main.

2o On doit penfer que quoique je ne parle que de fept cercles, j'en ai néanmoins mefuré beaucoup d'autres, dont la proportion n'a jamais démenti effentiellement ce que j'ai avancé.

3o. On doit comprendre qu'un poligône infcrit de 1374 côtés, comme eft le quatriéme cercle, mefure beaucoup mieux la courbure du cercle, que celui de 96 côtés.

4o. Il ne faut pas attendre de ces opérations méchaniques, un accord fi parfait que dans le calcul qui ne manque pas d'un point. Cependant on vient de voir que les circonférences de ces cercles furpaffoient toutes la raifon de 22 à 7. Voyons comme elles s'accordent avec la raifon 1792 à 567.

La premiere circonférence doit être de 1312, quelques points de plus ou de moins qu'il n'eft point effentiel de rechercher ici pour l'ufage qu'on en veut faire, elle eft de 1312.

La feconde devroit être d'environ 620 & demi, elle eft de 622.

La troifiéme devroit être de 630, à quelques points près, elle eft de 631

La quatriéme devroit être, à quelques points près, de 1371, elle eft de 1374.

La cinquiéme devroit être environ 560, elle eft de 559.

La fixiéme devroit être de 625, à quelques riens près, elle eft de 625.

La feptiéme devroit être environ 796, je l'ai auffi trouvée 796.

Voilà donc fur fept cercles, trois circonférences

qui furpaffent encore la raifon 1792 à 567 : un qui eft un peu au deffous, & trois qui y répondent : n'ai-je pas droit de croire, avec ce qui eft dit, que c'eft la vraie raifon ou rapport ? Je fais bien que l'on n'eft point obligé de me croire fur ma parole ; mais il eft permis à chacun d'en effayer. ie n'ai point voulu tromper le public qui pourroit fe trouver féduit par la belle apparence des figures qui ne manqueroient pas d'avoir autant de points & de divifions dans la circonférence qu'on voudroit leur en donner, & que l'on ne pourroit plus, étant fi petites, mefurer. J'ai voulu que les Géométres & le Public fuffent en même tems les juges & les parties.

Obfervez qu'il n'eft point rare qu'on ne trouve point une mefure parfaitement exacte dans ces fortes d'opérations. Cependant comme la prévention porte à croire que je fais la circonférence trop grande, on fera furpris de la trouver plus fouvent plus grande que plus petite que 1792 à 567.

Obfervez encore que pour opérer bien, il faut faire des cercles d'une certaine grandeur, comme 9 à 10 pouces, au moins, de diamétre : puis prendre un compas d'une demi ligne, ou une ligne au plus, pour mefurer le diamétre & la circonférence. Mais qui divifera feulement un cercle en 300 coups de compas, & les raportera un à un fur une ligne droite, qu'il mefurera & comparera avec le diamétr, verra fenfiblement que la circonférence eft plus grande que 22 à 7.

On pourroit encore faire cette expérience en roulant délicatement un compas à roue fur le diamétre & fur la circonférence, en comptant les marques que les dents auroient faites fur le carton.

Ceux qui voudront faire une expérience plus fenfible, peuvent attacher une perche avec une des fiches d'arpenteur, & avec une autre fiche tracer fur le fable un cercle en tournant la perche & planter des petits piquets dans la trace du cercle,

Le diamétre fera de deux perches , & la circonférence fe trouvera toujours plutôt paffer ma proportion que refter au deffous.

Seconde efpece d'expériences.

LXXXVI. Faites faire par un habile tourneur ,
un prifme rond : (C'eft ce que les enfans appellent
une roulette) prenez en le diamétre & mefurez la
circonférence avec une bande de papier ; vous trouverez la circonférence plus grande que 22 à 7 & , autant que la portée de l'œil peut l'apercevoir , comme 1792 à 567.

Pour ne point fe tromper foi-même , voilà comme
il faut s'y prendre. Lorfque ce prifme eft tourné , on
trace fur un , ou fur les deux côtés planes , plufieurs
diamétres : enfuite on trace fur une longue bande
de papier , une ligne droite : on applique le prifme
deffus , en mettant une ligne diamétrale fur la ligne
tracée fur le papier : on marque la longueur de ce
diamétre avec un tranchant délicat : on applique une
autre ligne diamétrale fur la ligne du papier , & de
même pour un troifiéme diamétre ; enfin on prend
au compas le feptiéme d'un diamétre que l'on ajoute
après les trois autres ; voilà ce qui s'appelleroit la
raifon de 22 à 7 : mais fi on roule cette ligne fur
le cylindre , ou prifme , cette bande de papier eft
toujours trop courte pour l'enve opper.

Si ce prifme eft exactement 7 pouces de diamétre ,
on trouve 22 pouces 1 ligne , & autant que les yeux
peuvent l'appercevoir , une demi ligne , ce qui eft
la proportion fenfible. Si le diamétre eft d'une mefure particuliére , on peut le mefurer avec un pied
bien divifé , ou avec une échelle de parties égales.
Pour mieux fe convaincre , on peut tourner ce prifme tantôt fur un côté , tantôt fur l'autre : changer
4 , 5 , 6 & 10 fois de ligne diamétrale On peut
faire faire différens prifmes ; on peut en faire faire

de bois , de plomb , d'ivoire , de cuivre ; en un mot il n'eſt point d'objets ronds & planes dont on ne trouve la circonférence proportionnée au diamétre , rélativement aux nombres 1792 à 567. Il n'eſt pas juſqu'au tour d'un preſſoir ou l'on ne puiſſe en eſſayer. On dira que ces objets ne font point très ronds , cela eſt vrai ; mais un homme ſenſé dira toujours que c'eſt une très forte préſompſion , & qu'il y auroit de l'extravagance à croire que la raiſon eſt moins grande que 22 à 7, tandis que tous les objets la font plus grande. Si , à une circonférence trouvée ainſi méchaniquement , on ajoute , ou au compas , ou par le calcul , deux huitiémes progreſſifs , on trouve le périmétre du quarré circonſcrit , comme il a été dit. Ce ſont-là des expériences ſimples , que certains hommes plus orgueilleux que ſcientifiques , & qui jugent ſans voir & ſans connoître , mépriſeront ſans doute , mais elles n'en font pas moins utiles. La Philoſophie ne conſiſte pas à écouter , ou à croire les grands hommes , qui , tels qu'ils ſoient , ont toujours leur petiteſſe & leur foible ; mais à connoître l'eſſence & les propriétés des grandes & des petites choſes. L'écaille d'un limaçon mérite quelquefois l'attention d'un homme qui penſe.

Troiſiéme eſpéce d'experience.

LXXXVII. Faites polir par un menuiſier , une planche de beau bois , ſans nœuds & ſans défauts : faites-lui obſerver qu'elle ſoit d'épaiſſeur égale. Faites-lui lever dedans , un priſme , (cercle , ou roulette ,) par exemple , de 9 pouces de diamétre : faites-lui lever à côté un quarré d'un neuviéme de moins , c'eſt-à-dire de huit pouces de hauteur : mettez ces deux figures , qui font deux priſmes de même épaiſſeur , & ſelon les principes , de même ſurface , dans chacune une balance , vous les trouverez de même peſanteur. On doit entendre que ce ſeroit la même chofe, fi l'une étoit de 4 pouces 6 lignes, & l'autre de 4 pouces; fi l'une étoit de 6 pouces 9 lignes, & l'autre de fix pouces; & même qu'il eft inutile de parler de pieds ou de pouces : mais qu'il fuffit que les deux foient d'égale épaiffeur & le rond d'un neuviéme plus grand.

J'ai fait cette expérience en bois fur douze figures, dont il y en avoit de rondes comme ci-deffus : de convexes & de concaves : (on en verra le modéle en géométrie) je les ai fait faire par différens ouvriers qui ne favoient ce qu'ils faifoient, (d'où ils étoient indifférens au plus ou moins :) fur ces douze figures, deux feulement ne fe font point trouvées égales, parce que l'une des deux avoit une ouverture qui la rendoit plus légere. J'ai auffi mefuré le tour de ces figures, les quarrées étoient de deux huitiémes progreffifs plus grandes de tour, que les rondes.

LXXXVIII. J'allai un jour chez un Ingénieur, à Paris : je lui dis de me polir & de rendre de même épaiffeur une planche de cuivre; enfuite de me lever dedans, un rond de 4 pouces 6 lignes & un quarré de 4 pouces : il le fit avec toute la délicateffe de fon art. Je les portai chez un épicier qui les péfa & repéfa, l'un dans un plat de balance, & l'autre dans l'autre; il les changea plufieurs fois, & fans favoir de quoi il s'agiffoit, il demeura tout interdit : & dit qu'il n'avoit jamais vu de poids fi égaux. J'allai chez un fecond ce fut la même chofe : je paffai chez un troifiéme, il me dit que j'étois un *forcier* ou un *efpion, que l'on ne voyoit pas de cercles & de quarrés fi égaux*.

J'ordonnai encore à l'Ingénieur de m'en faire deux autres de même mefure & d'une même plaque de cuivre; mais il me trompa : il les fit de deux piéces différentes, (le rond péfoit un gros de plus que le quarré,) il me l'avoua aprés, il voulut me rendre mon argent, & me dit *qu'il falloit que le diable me l'eût dit*; (c'eft fon expreffion) il ne favoit pas que

j'en pouvois juger au poids. Outre ce qui eſt dit ,
j'ai mis toutes les figures rectilignes dans une balance
& les curvilignes dans l'autre & tout s'eſt trouvé
égal. Il y a même ceci de favorable , que lorſque la
baiance paroît incliner , c'eſt toujours plus du côté
du rond que du quarré.

Ceux qui ne veulent entendre la vérité que pour
la dénigrer , diront ſans doute qu'il n'y a point de
quarrés , point de triangle rectangles , point de cercles parfaits. Que veulent-ils dire ? qu'il n'eſt pas
permis à l'homme de faire ce qui eſt réſervé à la Toute-
Puiſſance ; que la métaphyſique & l'eſprit voient toujours quelque vuide dans la matiére & quelque défaut dans la main : mais cela veut-il dire que l'on
puiſſe réaliſer ces défauts dans un quarré ou un cercle réguliérement faits ? ou que l'on puiſle attribuer
ces défauts à une figure , ſans les attribuer à la correlative de même matiére & taillée avec les mêmes
inſtrumens ? les expériences citées font voir le con-
traire. Si l'art & les principes ne font rien , comment
ſix figures rondes ſe trouvent-elles égales en péſan-
teur à ſix figures quadrilatéres ou triangulaires , ſans
que j'y aie touché ? S'il n'y a point d'artiſte qui
puiſſe exécuter des choſes ſi ſimples , comment faire un
rapporteur , un graphométre , un compas de proportion , une échelle de 1000 parties , & toutes les
parties d'une montre ? il n'y a donc jamais eu de
Géographie , d'Aſtronomie , de vrais méridiens , de
prédictions d'éclipſes , puiſque tout cela dépend des
inſtrumens ?

Il faudroit d'ailleurs ici que les erreurs fuſſent en
même-même tems relatives & abſolues : car il faudroit qu'un ouvrier qui feroit un quarré trop petit ,
fît auſſi le cercle , ou rond , trop petit. Il faudroit que
ſix ouvriers , dont l'un eſt de Paris , l'autre de Rouen ,
un autre de Dreux , ou d'ailleurs , tombaſſent dans
la même faute , ſans ſe connoître , ſans intérêts , ſans
méthode & ſans ſavoir ce qu'il font ? un homme

senfé & impartial y trouveroit un plus grand myftére que dans la quadrature du cercle.

Je ne réponds cependant pas que toutes les expériences de cette efpéce que l'on feroit, montreroient le vrai ; parce que je ne puis répondre de l'adrefle de tous les ouvriers : mais de dix figures, faites felon le principe & avec précaution, je répondrois que plus de fept feroient égales en péfanteur, & cela eft plus que fuffifant pour faire une démonftration que j'appelle méchanique.

Parmi les prétendus quadrateurs, quel eft celui qui ait donné des moyens fi faciles à réduire en pratique ? felon lequel des fyftemes pourroit-on faire exécuter un quarré & un cercle folides, de même poids ? fi on mettoit devant les yeux un quarré folide à racine fourde & que l'on demandât un cercle de de même poids, l'univers entier, fans mes principes, ne le feroit peut-être pas. Si c'étoit un quarré dont la furface fût un nombre rationnel comme 4. 9, 16, 25. &c. fur 100 Savans qui y travailleroient, il n'y en auroit pas deux qui s'accorderoient ; mais s'ils fuivoient les principes que l'on a jufques alors fuivis, le cercle emporteroit toujours l'équilibre : ceux qui feront quelques expériences, l'éprouveront & verront que l'on feroit encore plus tenté de croire que le cercle l'emporte plutôt que le quarré, quoique je donne une raifon plus grande que tous les auteurs. Tout cela eft d'ailleurs prouvé par l'accord de l'arithmétique, dont ce ne font que des conféquences rendues fenfibles. Outre cela, ce qui fuit & les démonftrations géométriques & mathématiques couronneront l'ouvrage.

LXXXIX Il n'eft pas en mon pouvoir de faire voir démonftrativement la premiere caufe de l'accord de toutes ces proportions, *de prioribus non datur ratio*. On ne fait point voir pourquoi ni comment l'effence des êtres eft leur effence ; pourquoi un eft un, ni comment un n'eft qu'un : c'eft une idée fimple

& primitive dont l'explication seroit plutôt obscur-
ciflement que lumiére.

Cependant on peut donner une idée de cette premiere caufe. Il eft facile de concevoir que la raifon
de la diagonale aux côtés du quarré, dont elle eft
diagonale, eft plus grande que 7 à 5, car 5 fois 5
font 25, & 7 fois 7 ne font que 49. Il faudroit plus
d'un quinziéme d'unité de plus, pour atteindre à la
longueur effective de la diagonale parce que

$$7 \text{ unités } \frac{1}{15^e} \text{ d'unité}$$

$$\text{par} \quad 7 \quad \frac{1}{15^e}$$

$$49 \qquad \frac{7}{15^{es}}$$

$$\frac{7}{15^{es}} \text{ plus } \frac{1}{15^e} \text{ de quinziéme.}$$

ne font que 49 unités $\frac{14}{15^{es}}$ plus $\frac{1}{15^e}$ de quinziéme ; ou,
ce qui eft le même, un deux cent vingt-cinquiéme
d'unité, & par conféquent moins que 50 qui font le
double de 25. C'eft ce quinziéme qu'il faut de plus
que 7, qui fait que, pour avoir la circonférence après
avoir pris trois diamétres & le feptiéme d'un diamétre, il faut encore ajouter un 9e du 7e & un 9e du
9e : de forte que fi la diagonale étoit comme 7 à 5,
il fuffiroit peut-être de prendre trois fois la diagonale,
(ou diamétre du quarré infcrit) & d'y ajouter un feptiéme Je n'en dirai pas davantage fur l'incalculable
diagonale. Je ferai feulement obferver en paffant qu'il
eft évident, par les raifons alléguées, que la hauteur
F G du fegment B F C G, (Figure 6e art. 18.) ainfi
que celle des autres, eft plus grande qu'un 7e du

diamétre : car fuppofons que le quarré infcrit ici ;
fût de 5 pouces, le diamétre feroit de 7 pouces un
quinziéme & plus. Les deux fegmens oppofés feroient donc pris enfemble de 2 pouces $\frac{1}{15^e}$ & plus :
& parconféquent de chacun un pouce un trentiéme
& plus de hauteur, depuis F jufqu'à G : Mais voici
quelque chofe de plus décifif, & qui devroit être regardé par les amateurs du vrai, comme une démonftration de tout ce que j'ai avancé.

XC. Une ligne moyenne proportionnelle géométrique, entre le quarré circonfcrit & le quarré de la
circonférence, doit donner le quarré de la furface :
Or, le périmétre du quarré de huit pouces eft moyen
proportionnel géométrique, entre le périmétre du
quarré circonfcrit & la circonférence ; la diagonale
par conféquent eft auffi moyenne proportionnelle entre les deux, & de plus, le quarré de 8 pouces l'eft
auffi entre les deux, ce qui feroit par l'opération
fuivante :

Soit encore le cerc'e de 9 pouces de diamétre,
comme le plus facile à entendre. On doit fe fouvenir
que fa circonférence eft de 28 pouces 5 lignes 4 min.
dont le quart eft ce qui fuit   7 p. 1 l. 4 m.
qui multipliés par   7   1   4   0   0

____

                    2, 4, 5, 4
                    7   1   4
         49   9   4

____

font   50 p. 6 l. 9 m. 9 p. 4 f.

____

Or, de même que 64 eft de deux neuviémes géométriques, moindre que le quarré tangent, 81 pouces ;
le nombre ci-deffus, favoir 50 pouces 6 lignes 9 minutes 9 primes 4 fecondes, eft de deux neuviémes

géométriques, moindre que 64. Cela est aisé à démontrer : le 9e de 64 pouces est 7 pouces 1 lig. 4 minutes,
qui étant ôtés de 64, il reste 56 p. 10 l. 8 m.
dont le 9e est   6 p.   3 l. 10 m. 2 p. 8 f.
qui étant ôtés de   56 p. 10 l. 8 m.
                        6 p.   3 l 10 m. 2 p. 8 f.
reste justement   50 p.   6 l. 9 m. 9 p. 4 f.

Le quarré 64 pouces tient donc un milieu géométrique entre 81 pouces & 50 pouces 6 lignes 9 minutes
9 primes 4 secondes : c'est-à-dire que ce dernier nom-
est à 64, comme 64 sont à 81 ; ce qui est plus qu'é-
vident, puisque si on ajoute deux huitiémes progressifs à 50 pouces 6 lig. 9 minutes 9 prim. 4 secondes,
on aura 64 pouces ; de même que si on ajoute deux
huitiémes progressifs à 64, on aura 81 pouces ; donc
le quarré 64 pouces est moyen proportionnel entre
le quarré tangent & le quarré de la circonférence ;
donc sa diagonale, telle qu'elle soit, est moyenne
proportionnelle entre la diagonale du quarré tangent,
& la diagonale du quarré de la circonférence ; donc le
périmétre de ce quarré est moyen proportionnel entre
le périmétre du quarré tangent & la circonférence.

Observez toutefois que quand je dis que 64 est
moyen proportionnel entre 81 & l'autre nombre,
je n'entends pas qu'il tienne un milieu arithmétique,
comme s'il n'y avoit pas plus d'unités de 64 à 81,
qu'il n'y en a depuis 50 p. 6 l. 9 m 9 p. 4 f. à 64 ;
mais seulement un milieu géométrique, de même que
6 est un moyen proportionnel géométrique entre 4
& 9, puisque 6 renferme le nombre 4, & la moitié
de 4 ; comme 9 renferme 6 & la moitié de 6. C'est
une proportion géométrique, continue, qui se dis-
pose ainsi : Si 4 donne 6, combien donneront 6 ; ce
qui produit 9, puisque le produit des extrêmes est
égal au produit des moyens ; savoir, que 4 fois 9
font 36, comme 6 fois 6 font 36.

C'est cette moyenne proportionnelle géométrique,
que l'on cherchoit depuis tant de tems : c'est ce que

j'ai trouvé & que je n'ai point fait : car ce n'eſt
point moi qui ai fait ces accords numériques & géométriques , ces liaiſons ſi intimes ces proportions ,
cette analogie, ces conſéquences ſi naturelles ces
vérités enfin. C'eſt moi ſeulement qui en ai fait la découverte & qui les mets au jour. Si j'étois dans l'erreur, ce qui n'eſt pas, (parce qu'il eſt impoſſible de
mettre la vérité dans un plus grand jour ,) il faudroit
dire que l'erreur eſt plus commode, plus utile & plus
aimable que la vérité, & qu'il vaut mieux ſe tromper
avec moi, que d'embraſſer avec les autres, le parti
d'une vérité qui n'offriroit que de vaines ſubtilités, que
des ombres qui ſont le ſymbole de l'erreur.

XCI. En effet , ſi l'on compare les raiſons de 7 à
$21\,\dfrac{70}{7^{\text{ies}}}$: de 2199 à 700 ; de 1043 à 332 ; de $21\,\dfrac{99}{100^{\text{es}}}$
à 7 : de $21\,\dfrac{110}{111^{\text{es}}}$ à 7. Si l'on compare les fractions
$$\dfrac{9,265,000,000,000,000}{10,000,000,000,000,000} : \dfrac{9265}{10000}$$ & autres
ſans nombres , qu'à inventées la ſageſſe profonde des
Mathématiciens. Si l'on compare des nonillions, des
nombres infinis qui n'ont ou ne ſemblent avoir aucuns rapports entr'eux ; des nombres irrationnels qui
ne ſauroient former un quarré, avec un rapport arith-
métique-géométrique qui accorde tout & qui s'accorde
en tout, avec la méthode la plus ſimple pour meſurer toutes les figures circulaires , qu'elle différence
ne trouvera t-on pas ?

En attendant que j'aie l'honneur de préſenter la
partie géométrique, qui ſuivra ce volume, j'invoque
les ſavantes Académies de France , de Londres ,
de Berlin, & je les conjure au nom des Souverains,
dont ils ſont les yeux, dans cette partie, & au nom
de la vérité même , de la reconnoître ici , ou de
réfuter l'ouvrage & de faire voir comment l'erreur
peut aller d'un pas ſi ferme & ſi droit, qu'elle ne

glisse jamais d'un point ; qu'elle ne fasse jamais un faux pas & qu'elle semble à l'abri de tous les coups que l'on essaieroit de lui porter.

J'espére que les vrais Savans accepteront l'un, ou ne refuseront pas l'autre Je l'espére avec d'autant plus de fondement, qu'ils feroient déshonneur à la Science, si séduits par la prévention, ou par quelque autre passion, ils refusoient, ou de rendre justice, ou de combattre l'erreur, s'il y en avoit.

QUATRIEME SECTION.

De la mesure solide des Figures sphériques, &
de leurs superficies.

DU CYLINDRE.

SIXIEME PROBLEME.

Trouver la superficie d'un cylindre.

XCII. ON trouve la superficie d'un cylindre en multipliant sa circonférence par sa hauteur : cela est démontré. Observez que lorsque j'ai dit, ou lorsque je dirai *cela est démontré*, il y a de sous entendu, *par les Mathematiciens*, c'est-à-dire que cela est incontestable.

Cela posé, je suppose un cylindre de 9 pouces de diamétre & de 9 pouces de hauteur. Sa circonférence feroit, comme on l'a dit plusieurs fois,

de   28 pouces 5 lig. 4 minutes.

qui multipliés par   9 pouces

___

font   256 pouces 0   0

___

C'est-à-dire que si on vouloit couvrir ce cylindre, de papier ; il faudroit 256 pouces quarrés de papier. Car le papier déployé formeroit une bande de 9 pouces de largeur, & de 28 pouces 5 lignes $\frac{1}{3}$ de longueur. Il est sous-entendu que les deux bouts, ou bâses, ne feroient point comprises dans cette mesure.

On peut comprendre par-là que si la figure étoit

conique en ce fens , qu'un bout du cylindre formât un cercle moins grand que l'autre , comme le haut & le bas d'un gobelet , il faudroit prendre l'un & l'autre diamétre enfemble , & en prendre la moitié pour avoir un diamétre moyen , d'où l'on tireroit la moyenne circonférence , qui étant multipliée par la hauteur oblique , donneroit la fuperficie. On entend que fi une feuille de papier enveloppoit un gobelet , on en prendroit la largeur par la hauteur oblique du gobelet , & la longueur par la circonférence moyenne qui fe trouveroit à la moitié de la hauteur oblique , ou des côtés.

SEPTIEME PROBLEME.

Trouver la furface folide d'un cylindre.

XCIII. „ Multipliez la furface de fa bâfe par fa „ hauteur. Cela eft démontré. Suppofons le même „ cylindre : La furface de fa bâfe eft 64 pouces ; fa hau„ teur eft 9 pouces , or   9 fois 64

„ font   576 pouces

Il eft aifé de concevoir que fi on le découpoit par trenches d'un pouce d'épaiffeur , il s'en trouveroit 9 de chacune 64 pouces.

Si on veut remonter de la folidité du cylindre à la furface cubique du cube , il fuffit , comme il fuit des principes , d'ajouter au produit du cylindre deux huitiémes progreffifs Exemple , le 8e de 576 eft 72 , qui y étant ajoutés font 648 , dont le 8e eft 81 , qui y étant ajoutés font 729 , qui font le vrai cube de 9 pouces ; car 9 fois 9 font 81 , & 9 fois 81 font 729.

Si on veut defcendre de la folidité du cube à la furface folide du cylindre y infcrit , il faut ôter du produit du cube deux neuviémes progreffifs. C'eft defcendre par où l'on a monté.

DE LA SPHERE.

HUITIEME PROBLEME.

Trouver la superficie d'une sphere.

XCIV. „ Supposez un cylindre circonscrit à la „ sphere & qui soit de la hauteur du diamétre de la „ sphere : cherchez-en, par la méthode précédente, „ la superficie, ce sera aussi celle de la sphere. C'est-à dire que la superficie d'une sphere est égale à celle d'un cylindre de même diamétre & de même hauteur. Ainsi une sphere de 9 pouces de diamétre, auroit aussi 256 pouces de superficie convexe.

En effet, il est démontré que la surface visible d'une sphere (ou superficie,) est quatre fois grande comme la surface d'un grand cercle. Or, le grand cercle est, dans la supposition, de 64 pouces de surface, & 4 fois 64 font 256 ; la superficie de cette sphere est donc de 256 pouces · il faudroit par conséquent 256 pouces quarrés de papier pour la couvrir.

NEUVIEME PROBLEME.

Trouver la solidité d'une sphere.

XCV. „ Supposez un cylindre dont le diamétre & „ la hauteur soient l'un & l'autre comme le diamétre „ de la sphere ; c'est-à dire un cylindre circonscrit, „ cherchez-en la solidité, prenez les deux tiers du „ produit, vous aurez la solidité de la sphere. Cela est démontré. (*C'est une invention d'Archiméde, qui en fut si satisfait, qu'il voulut que l'on mît une sphere inscrite à un cylindre, sur son tombeau.*) Supposons la même sphere de 9 pouces de diamétre, son cylindre seroit (art. 93.) de 576 pouces solides, ou cubes, dont les deux tiers font 384 : cette sphere est donc de 384 pouces cubiques.

Seconde

Seconde Méthode pour trouver la solidité d'une sphere.

Il a été dit (art 34.) qu'une sphere est égale, quant à la solidité, à un cône qui auroit la superficie pour bâse, & pour hauteur le rayon. Cela est démontré. Or la superficie de cette sphere (art. 94.) est de 256 pouces ; le rayon est 4 pouces & demi. Mais le cône (art. 99.) se mesure en multipliant sa bâse par le tiers de sa hauteur. Il faut donc multiplier 256, qui est la bâse du cône supposé, ou la superficie de la sphere, par un pouce & demi, tiers de la hauteur de ce cône.

Or	256
par	1 pouce & demi ;

	256
produit du demi. pouce	128

font toujours	384 pouces.

Troisiéme méthode qui est nouvelle, & de l'invention de l'auteur.

XCVI. „ Prenez le cube de la sphere ; ajoutez au „ cube un vingt-uniéme (ou, ce qui est le meme, le „ 7e du tiers ;) ajoutez encore le 9e du 7e & le 9e „ de ce 9e, vous aurez un produit double de la „ solidité de la sphere, ou dont la sphere fera la „ moitié. Continuons de prendre pour exemple la méme sphere. 9 fois 9 font 81. 9 fois 81 font 729, c'est le cube de la sphere.

ajoutons à	729 pouces				
un vingt-uniéme	34 p.	8 l.	6 m.	10 pr.	$\frac{2}{7^{es}}$
puis un 9e de ceci	3,	10,	3,	5	$\frac{1}{7}$.
puis le 9e du 9e		5	1	8	$\frac{4}{7^{es}}$

produit   768   0   0   0   0
dont moitié eft   384 pouces ; où l'on voit que c'eft toujours même produit.

AUTRE EXEMPLE.

Suppofons un cube de 1701 pieds. On peut suppofer un cube de ce nombre, quoiqu'il foit fourd & fans racine numérique.

ajoutons à	1701 pieds un vingt-uniéme
qui eft	81 p.
dont le 9e eft	9
dont le 9e eft	1

ce qui fait	1792
dont la moitié eft	896 pieds.

La furface folide d'une fphere infcrite au cube 1701 pied, feroit donc de 896 pieds. Le cube eft donc à la fphere infcrite, comme 1701 eft à 896. Or, fi j'ôte 896 de 1701, il refte 805. La fphere infcrite eft donc, à ce qu'il faut pour faire le complément du cube, comme 896 font à 805, ou, ce qui eft la même proportion, comme $11 \frac{5}{81^{es}}$ font à $9 \frac{76}{81^{es}}$ ce qui s'exprime par 9, plus, foixante-feize quatre vingt-uniémes.

De ces principes, fuivent encore ces conféquences:
Puifque la fphere infcrite n'eft que les deux tiers du
cylindre infcrit au cube , le cylindre , dans l'efpéce
préfente , feroit de 896 & la moitié de 896 : c'eft à-
dire 1344, dont, par conféquent 896 font les deux
tiers. Puifque le cône n'eft que le tiers du cylindre
de même bâfe & de même hauteur , ou la moitié
de la fphere y infcrite ; le cône, dans l'hypothéfe préfente , ne feroit que de 448 pieds , moitié de la
fphere 896 & tiers du cylindre 1344.

  „ Le cube eft donc au cylindre infcrit , com-
„ me 1701 font à 1344 : ou , ce qui eft le même, com-
„ me 243 font à 192.

  „ Le cube eft donc à la fphere infcrite , com-
„ me 1701 font à 896 : ou , ce qui eft le même, com-
„ me 243 font à 128.

  „ Le cube eft donc au cône infcrit , com-
„ me 1701 font à 448 : ou , ce qui eft le même, com-
„ me 243 font à 64.

On peut encore trouver la folidité d'une fphere
d'une autre maniere bien fimple , que voici : „ Re-
„ tranchez un neuviéme d'un diamétre , & un tiers
„ de celui qui lui eft perpendiculaire , il en réfultera
„ un prifme égal en folidité à la fphere ; exemple.
Une fphere eft de 9 pouces de diamétre , je retranche un pouce d'un diamétre, refte 8 pouces ; je retranche le tiers de l'autre , qui eft 3 , refte 6 pouces.
Or 8 fois 8 font 64, & 6 fois 64 font toujours 384.

Si on fuppofoit un boulet de canon de 9 pouces
de diamétre ; fi on fuppofoit en même-tems que ce
boulet pût fe paîtrir comme de la cire , il rempliroit
le tube d'un canon d'égal diamétre , fix pouces de
hauteur. Par la même raifon , fix bales de plomb de
9 lignes de diamétre , fondues dans un canon de
même diamétre , formeroient un lingot de trois pouces , (en ne fuppofant point de diminution à la fonte.)
Six cônes de chacun 9 lignes de diamétre & de 9 lignes de hauteur étant fondus , formeroient dans le

H ij

même canon un lingot d'un pouce & demi de hauteur. Cela fuit des principes ; mais ces principes s'accordent encore avec les découvertes antérieures à
celles ci : car puifqu'une fphere eft les deux tiers d'un
cylindre de même bâfe & de même hauteur , & que
la hauteur eft ici 9 pouces , ou 9 lignes , il doit en
réfulter des cylindres , ou lingots de 6 pouces & de
6 lignes.

Il y a ici une remarque à faire ; favoir , que fi l'on
prenoit la hauteur des deux côtés du cylindre & les
deux diamétres , qui enfemble feroient 36 pouces ,
on trouveroit le quarré de l'épaiffeur du prifme , produit par la folidité de la fphere , favoir , 6 pouces ;
on voit que cela fe préfente de foi-même. Il en feroit
de même de tous les cylindres circonfcrits à la fphere.

Cela pofé , il n'eft pas difficile de mefurer les cylindres , les colonnes , les tours , étant prifes foli-
dement ; les lingots, un bâton régulier , une bougie,
& tout ce qu'on voudra de même figure, puifqu'il
ne faut qu'ôter un neuviéme du diamétre pour trouver quarrément le produit de la bâfe , & multiplier
ce produit par la hauteur , ou, ce qui revient au même , retrancher deux neuviémes progreffifs du produit
du cube circonfcrit (art. 93.)

Il n'eft pas difficile non plus de trouver la folidité
d'une bille à jouer , d'une boule ronde , d'une balle,
d'un boulet de canon , de la terre même , puifqu'il
ne faut ôter qu'un tiers d'un diamétre & un neuviéme
de l'autre & multiplier. Si la terre étoit , par exemple de 3600 lieues de diamétre on, en ôteroit le 9e,
il refteroit 32 0 que l'on multiplieroit par 1200 & le
produit par les deux tiers du diamétre 2400.

Il eft encore bien plus facile de mefurer les cercles planes, quand ce ne feroit qu'un des caractéres
de l'Alphabeth (la lettre O) ou l'empreinte de la
pointe d'un compas ; puifqu'en ôtant le neuviéme
de leur diamétre , fi on pouvoit le connoître , on
trouveroit leur quarré.

Méthode nouvelle pour trouver la superficie d'une sphere & , par elle , celle du cylindre circonscrit.

XCVII. „ Supposez un cube circonscrit , prenez la „ moitié du produit de sa superficie : à cette moitié „ ajoutez un vingt uniéme (ou septiéme du tiers .) „ ajoutez un 9e du 7e & un 9e du 9e , vous aurez la superficie de la sphere inscrite , ainsi que celle du cylindre inscrit , puisqu'elles sont les mêmes. Exemple d'un cube de 9 pouces de racine. Ce cube (comme tout autre ,) a six faces , de chacune 81 pouces de superficie : puisque 9 fois 9 font 81 , 6 fois 81 font 486 dont la moitié est 243 dont le tiers est 81

le 7e de 81 pouces est	11 p. 6 l. 10 m. $\frac{2}{7^{es}}$
dont le 9e est	1 3 5 $\frac{1}{7}$
dont le 9e est	1 8 $\frac{4}{7^{es}}$
avec les	243
cela fait	256 p. 0 0 0

Ce qui est effectivement la superficie de la sphere inscrite à ce cube. La superficie du cube est donc à la superficie convexe du cylindre inscrit & à la superficie convexe de la sphere inscrite , comme 486 sont à 2,6.

Or , puisque la superficie du cylindre supposé , pour ce qui est convexe , est de 256 , & que les deux bâses sont chacune de 64 , ce qui fait pour les deux 128 , qui réunis à 256 , font 384 pour la superficie totale , il eſt évident que cette ſuperficie totale eſt à la ſuperficie du cube circonſcrit , comme 384 ſont à 486 , qui ſont la ſuperficie du cube.

DU CONE ET DE LA PYRAMIDE.

XCVIII. On trouve la ſuperficie du cône , & celle de la pyramide , en multipliant le périmétre , ou circonférence de la bâſe , par moitié de la hauteur oblique ; c'eſt-à dire par moitié de la hauteur des côtés , ou en général comme on trouve la meſure des triangles. Pour faire entendre mieux cela ; la couverture d'un pavil'on , ou d'un clocher qui auroit quatre côtés , & qui n'auroit qu'une ſeule pointe , ſeroit compoſée de quatre triangles , ou d'un ſeul , ſi on les réuniſſoit enſemble : il faudroit donc , comme dans les triangles , pour en avoir la meſure , multiplier la bâſe par la moitié de la hauteur , ou la hauteur par la moitié de la bâſe , &c. (art. 32.) Il en eſt de même de la ſuperfiſie des cônes , qui , tous , forment un ou pluſieurs triangles. Le papier qui enveloperoit un pain de ſucr (exactement pointu ,) étant étendu ſur une table , formeroit un triangle.

Suppoſons une pyramide quadrangulaire , dont la hauteur latérale ſoit de dix pieds , & dont le périmétre , à la bâſe , ſoit 32 pieds , ou dont chaque côté ſoit de 8 pieds , on multipliera 32 par 5 pieds , moitié de la hauteur ; ce qui fait 160 pieds.

Méthode pour trouver la ſolidité d'un cône & d'une pyramide.

XCIX ,, Multipliez la bâſe par le produit de la ,, hauteur verticale ; c'eſt-à-dire par la ligne qui paſ- ,, ſeroit du ſommet du cône , ou de la pyramide , au ,, centre , ou au milieu de la bâſe , & prenez le tiers ,, du produit ; ou , ce qui revient au même , multipliez la bâſe par le tiers de la hauteur verticale.

Nous prendrons encore pour exemple un cône infcrit au cylindre de 9 pouces de diamétre, & de 9 pouces de hauteur. Sa bâfe étant un cercle de 9 pouces de diamétre, eft de 64 pouces ; 9 fois 64 pouces font 576, dont le tiers eft 192 : ce qui fait effectivement la moitié de la folidité de la fphere, de de 384 pouces, (art. 95.) & le tiers du cylindre 576 (art. 93.) Si on prend le tiers de la hauteur, qui eft 3 pouces, on dira 3 fois 64, qui font toujours 192.

CINQUIEME SECTION.

Application des Principes à différens objets.

DES FIGURES PLANES.

DIXIEME PROBLEME.

Trouver la surface d'un cercle de 40 perches de diamétre.

C. AU lieu de dire 40 perches, je les appelle, comme j'en ai averti, (art. 68.) 40 *pieds*. Ces noms ne changent point la nature des choses ; quand ce sera pour conclure, on appellera ces pieds des *perches*. J'opére donc ainsi, le neuviéme du

diamétre   40 pieds

est   4 pieds 5 p. 4 l.

---

reste   35 p.   6 p. 8 l.

qui multipliés par   35   6   8

                175

             105

pr. de 6 pou.   17   9   4

{ pr. de 8 lig.   11   10   2   8

                    11   10   2   8

pr. de 6 pou.   17   6

pr. de 8 lig.   1   11   4

---

font   1264 p.   2 p. 4 l. 5 m. 4 s.

On peut donc dire pour un moment que le produit est 1264 pieds 2 pouces 4 lignes 5 minutes 4 secondes ; mais comme ces noms ne font rien à la réalité, c'eft en effet 1264 perches 2 douzié nes de perche, plus, 4 douziémes d'un douziéme, &c.

Autre méthode.

On fait que felon les principes, il fuffit de retrancher deux neuviémes progreffifs du quarré tangent. Je multiplie donc   40
par   40

ce qui fait   1600
dont le 9e eft   177 pieds 9 p. 4 l.
refte   1422   2   8
dont le 9e eft   158   o   3, 6, 8

refte donc   1264 p   2 p. 4 l.   5 m. 4 f.

On voit que cela fait la même fomme. Mais pour ne point expofer le lecteur à fe fatiguer dans l'examen de fractions inutiles , je prendrai maintenant des nombres moins fractionnaires.

ONZIEME PROBLEME.

Faire un cercle double d'un cercle donné. Par exemple, de 10, 20 ou 30 pouces, ou pieds, foit fur le papier, foit fur le terrein.

CI. Enfermez le cercle dans un quarré tangent, comme à la figure 6e (art. 18.) tournez une circonférence fur les angles du quarré; ce cercle fera double en furface du premier. Si de même vous faites un cercle dans le quarré infcrit à ce cercle (art. 18.) il fera moitié moindre que lui. Cela peut fe démontrer ainfi : les cercles font entr'eux comme les quarrés de leurs diamètres ; or le quarré de la diagonale fur laquelle le second cercle est construit, est double du quarré des côtés dans lesquels le premier est enfermé. Le second cercle est donc double du premier.

On ne peut exprimer en nombres le diamétre d'un cercle triple d'un cercle dont on connoit la surface numérique ; parce que trois fois un nombre quarré ne sont jamais un nombre quarré. Par exemple 3 fois 4 ; 3 fois 9 ; 3 fois 16, sont les nombres 12, 27, 48, qui ne sont point quarrés ; mais je donnerai dans la seconde Partie, la connoissance d'une ligne tracée dans un cercle, qui étant prise pour diamétre, formeroit un cercle qui auroit les trois quarts de la surface du premier ; mais qui étant prise pour rayon, en formeroit un, trois fois aussi grand que ce premier.

DOUZIEME PROBLEME.

Faire un cercle quatre fois grand comme un cercle donné.

CII. La racine quarrée de 4 est deux, les deux cercles doivent donc être dans leurs diamétres, comme 4 est à 2 ; c'est-à-dire que le diamétre de l'un, doit être le double de celui de l'autre.

Supposons un diamétre de 13 pouces & demi : en ôtant un 9e de ce diamétre ; savoir, un pouce 6 lignes, il reste un pied, ce qui fait aussi un pied de surface, parce qu'une fois un n'est qu'un. Or, en doublant 13 pouces & demi, l'autre diamétre sera de 27 pouces, dont, si l'on ôte le 9e, 3 pouces, il ne restera que deux pieds, qui étant multipliés par 2 feront quatre pieds, & par conséquent quatre fois la surface du premier.

TREIZIEME PROBLEME.

Faire un cercle 16 fois grand comme un cercle donné.

CIII. Puisque la racine quarrée de 16 est 4, il faut

que le diamétre du fecond foit 4 fois auffi grand que
le diamétre du premier. Reprenons notre exemple ;
le cercle de 13 pouces & demi de diamétre eft d'un
pied de furface. Un diamétre quatre fois auffi grand
feroit de 54 pouces , ou 4 pieds 6 pouces ; or fi de
4 pieds 6 pouces on retranche le 9e, il reftera 4 pieds ,
qui multipliés par 4 , feront 16 pieds , & par conféquent le cercle 16 fois auffi grand que le premier.

On pourroit demander un cercle 5 , 6, 7, 8 , 10,
11 , 13 fois auffi grand qu'un cercle donné ; mais
comme ces nombres & une infinité d'autres , n'ont
point de racine quarrée , on ne pourroit répondre
dans toute l'exactitude numérique : toutefois les principes n'en font pas moins vrais : il eft inconteftable
que fi on pouvoit trouver la racine de ces nombres,
on feroit un cercle , autant de fois que l'on voudroit ,
auffi grand qu'un autre. Si , par exemple , la racine
quarrée de 20 étoit 4 & demi ; pour avoir un cercle
20 fois auffi grand que celui de 13 pouces 6 lignes ,
il faudroit prendre un diamétre 4 fois & demi comme
13 pouces & demi , c'eft-à-dire 60 pouces o lignes
9 minutes , ou 5 pieds trois quarts de ligne. Il n'eft
ni de l'étude , ni de l'art . ni de l'homme , ni même
de Dieu , de faire l'impoffible ; de changer l'effence
des êtres , en donnant des racines quarrées à des nombres qui n'en n'ont point.

Pour avoir un cercle 100, 81 , 64 & 49 fois moindre qu'un cercle donné , il faut fuivre en defcendant ,
la voie que l'on vient de fuivre en montant : Si on
vouloit , par exemple , avoir un cercle 144 fois moindre que celui de 13 pieds & demi de diamétre , qui ,
par les principes , feroit de 144 pieds de furface , il
faudroit prendre un diamétre qui ne fût que le douziéme du premier ; favoir , dans l'hypothéfe , 13 pouces & demi , ce qui feroit un quarré d'un pied.

QUATORZIEME PROBLEME.

Faire une sphere 8 fois aussi grande qu'une sphere donnée.

CIV. „ Doublez le diamétre de la sphere, vous aurez une sphere dont la surface solide sera 8 fois aussi grande que la premiere. La raison de cela est que les spheres sont entr'elles comme les cubes de leurs diamétres. Or, si on double la racine d'un cube, il en résulte un cube 8 fois plus grand.

Exemple de la sphere, j'ai fait voir (art. 95) qu'une sphere de 9 pouces de diamétre, est de 384 pouces cubiques : Supposons en une de 18 pouces, son cylindre circonscrit auroit à sa bâse 16 fois 16 pouces ; savoir, 256 pouces, qui étant multipliés par sa hauteur, 18 pouces, feroient 4608, dont les deux tiers font 3072 : or dans 3072 on trouve exactement 8 fois 384.

DU TOISE'.

QUINZIEME PROBLEME.

Mesurer à la marque une piece de bois rond.

CV. On doit comprendre aisément que si une piéce de bois est d'égale grosseur, & ronde, c'est vraiment un cylindre dont je parle encore, pour rendre l'erreur d'autant plus sensible, qu'elle est ordinaire & de pratique.

Toiser à la Marque, c'est chercher ce qu'une piéce de bois contient de pouces ou de lignes cubes. (Dans l'usage on élimine les lignes dont on ne tient point de compte.) Par convention de l'art, on appelle douze pouces cubes une *Cheville* ; une cheville en ce sens, est donc conçue comme ayant 12 pouces de longueur, & un pouce de chaque face. Une *marque* contient 300 chevilles, ou 3600 pouces cubes : ou, ce qui eſt le même, deux pi ds cubes, plus, un douziéme de pied cube. Cela poſé, il n'eſt pas difficile de toiſer une piéce de bois équarrée. On multiplie les pouces d'un côté par ceux de l'autre & le produit par les pieds de la longueur, ce qui fait des chevilles. Exemple.

Suppoſons une piece de bois de 10 pouces, ſur 10 pouces, & de 20 pieds de longueur ; on diroit 10 fois 10 font 100, & 20 fois 100 font 200 chevilles, & par conſéquent 6 marques 200 chevilles. Suppoſons-en une de 12 pouces, ſur 4 pouces, & de 10 pieds de longueur ; on diroit 4 fois 12 font 48, & 10 fois 48 font 480 : ſavoir, une marque 180 chevilles. Point d'erreur ni de difficulté dans le commerce juſques-là, ſinon lorſque la groſſeur du morceau de bois n'eſt pas égale : car alors on prend communément la groſſeur dans le milieu ; ce qui fait tomber dans l'erreur : j'en avertis ſeulement ici. Il faudroit trouver une moyenne proportionnelle géométrique entre la groſſeur des deux bouts.

CVI. Quant au bois rond, voici la méthode dont on ſe ſert : on prend au milieu de la piéce la circonférence avec une corde, on la ploie en quatre, on examine combien cette quatriéme partie contient de pouces, que l'on multiplie ſur eux-mêmes, & enfin par les pieds de la longueur. Exemple.

Une piece de bois eſt de 36 pouces de circonférence & 20 pieds de longueur. Le quart de 36 eſt 9, on diroit donc, 9 fois 9 font 81, & 20 fois 81 font 1620 : ſavoir, 5 marques 120 chevilles. Or, il eſt démontré (art. 93.) & ailleurs, que la ſolidité d'un cylindre, (cette piece de bois en eſt un) eſt de deux huitiémes progreſſifs plus grande que le produit du quart de ſa circonférence, multiplié par lui-même ; il faut donc pour avoir la vraie meſure de cette piéce de bois, ajouter deux huitiémes progreſſifs au produit.

Opérons	1620 chevilles	
dont le 8e est	202	6
ce qui fait	1822	6
dont le 8e est	227	9	8

ce qui fait 2050 che. 3 p. 8 lig. qu'auroit de surface solide cette piece de bois. Il y auroit par conséquent erreur de 430 chevilles, plus, 3 douziémes & deux tiers d'un douziéme.

CVII. On convient que les marchands de bois le vendent toujours assez cher : mais il est toujours vrai que les uns ne savent ce qu'ils vendent, ni les autres ce qu'ils achetent, & qu'ils se trompent lourdement, puisque la proportion de leur erreur est comme 64 à 81, & par conséquent de plus d'un quart de ce qu'ils trouvoient de plus.

Il faut donc pour mesurer le bois rond exactement, ajouter un huitiéme à la circonférence que l'on trouve : par exemple, dans l'hypothése, au lieu de 36 pouces, mettre 40 pouces & demi ; ou bien ajouter, comme on vient de le voir, deux huitiémes progressifs au produit, ou, ce qui est encore le même, deux huitiémes progressifs à la longueur. Ceci deviendroit d'autant plus facile à mettre en pratique, que l'on ne tient pas compte des lignes, & qu'il n'est pas nécessaire de faire attention aux petites fractions. Si, par exemple, on trouvoit par la pratique ordinaire, 1500 chevilles, on pouroit dire, le 8e de 1500 est, à quelques lignes près, 187 ce qui fait 1687, dont le 8e est, en éliminant les fractions, 210, ce qui fait en total 1897. On dira que le commerce se soutient sans cela. C'est cependant se fonder sur des principes faux.

SEIZIEME PROBLEME,

Trouver la surface cube d'un puits.

CVIII. Ou le puits est également large du haut &
du bas, ou non : s'il est égal, c'est un cylindre qu'il
faut mesurer, comme il est dit du cylindre, en ôtant
un 9e du diamétre & multipliant la surface d'une
bâfe par la profondeur. Exemple ; un puits est de 4
pieds 6 pouces de diamétre, & de 100 pieds de
profondeur ; j'ôte le 9e du diamétre ; savoir, 6 pouces,
reste 4 pieds. Je dis donc, 4 fois 4 font 16, & 16
fois 100 font 1600 pieds cubes, ou sept toiles cubes, plus 88 pieds cubes. C'est la mesure cubique du
puits.

Si le puits est plus étroit dans le fond, ce qui est
ordinaire, il se mesure comme un cône tronqué. On
suppose le cône achevé, on en cherche la solidité
totale, dont on déduit celle que contiendroit le petit cône qui serviroit de complément au cône tronqué.

Pour savoir quelle seroit la hauteur du cône. Il
faut faire une regle de trois, (ou de proportion) si la
largeur du haut étoit, par exemple, de 6 pieds, &
celle du fonds de trois pieds, & la profondeur de 100
pieds ; on conçoit facilement que puisqu'il diminue
de moitié en 100 pieds, en 200 pieds il se termi-
neroit à rien, & formeroit un cône dont le diamétre
de la bâfe seroit 6 pieds & la profondeur 200 On
retrancheroit donc du produit total, le produit du
petit cône de 100 pieds de hauteur & de 3 pieds de
diamétre.

DIX-SEPTIEME PROBLEME.

Trouver la solidité de la muraille circulaire d'un puits.

CIX. On peut la trouver 1°. par déduction, en

prenant le diamétre (ou les diamétres) du dehors au dehors de la muraille, en obfervant feulement de retrancher du produit la furface du vuide

2o En prenant le diamétre de la moitié d'une muraille à l'autre moitié ; ou , ce qui revient au même , de l'intérieur d'un mur à l'extérieur du mur oppofé.

Suppofons les murailles du puits propofé pour premier exemple , de 13 pouces & demi, ce fera 13 pouces & demi à ajouter à 4 pieds & demi, ce qui fera 5 pieds 7 pouces & demi : en cherchant par les principes la circonférence de 5 pieds 7 pouces & demi, on trouvera qu'elle eft 17 pieds 9 pouces 4 lignes , qui étant multipliés par l'épaiffeur 13 pouces & demi, font 20 pieds. Or , en multipliant ce dernier nombre par la profondeur, 100 pieds , on trouvera que le produit eft deux mille pieds cubes pour la mefure de la muraille circulaire.

Il eft facile de concevoir qu'il en eft de même, proportion gardées , des furfaces vuides des tours, de la folidité de leurs murailles ; des nappes d'eau ; de tous les vafes fphériques, coniques, cylindriques, &c. Mais il eft peut-être néceffaire de reprendre ce que j'ai dit (art. 30.) & de fpécifier une mefure déterminée des cercles faits les uns audeffus des autres, fuivant les proportions des tables des quarrés (art. 30.)

DES CERCLES CONCENTRIQUES.

CX Figurons-nous un cercle de 13 pouces 6 lignes de diamétre ; fa furface fera , comme on l'a dit, d'un pied. Imaginons un cercle au deffus, & concentique, de trois fois ce diamétre (ou 40 pouces & demi) en ôtant le 9e, il reftera trois pieds de quarré & 9 pieds de furface : par conféquent la chaine, ou efpace renfermé entre les deux circonférences, fera de 8 pieds.

Figurons-nous encore un autre cercle fait audeffus de ceux-ci , dont le diamétre foit 5 fois comme le premier, ou de 5 pieds 7 pouces 6 lignes : fi on en

ôte

ôte le 9e , le quarré restera de 5 pieds , qui multipliés par eux-mêmes , feront 25 pieds. Ce qui est renfermé entre ces deux circonférences supérieures , est donc de 16 pieds , & par conséquent de 8 pieds plus grand que la chaine précédente. Il en seroit de même , ainsi que des quarrés , en augmentant toujours le diamétre de deux fois le premier , & le portant ainsi à 7 fois , 9 fois , 11 fois treize pouces & demi , &c. quand le cercle est de nombre impair : & 2 , 3 , 4 , 5 , 6 fois &c. quand le cercle renferme un quarré en nombre pairs.

Suppofons , par exemple , un premier cercle concentrique de 27 pouces de diamétre , son quarré , selon les principes , est de 4 pieds de surface , 2 fois 2 font 4. Suppofons après cela un diamétre double ; savoir , de 4 pieds 6 pouces , en ôtant le 9e , il restera 4 pieds de hauteur , & 16 pieds de surface. Or, puifque le premier cercle étoit de 4 pieds , la chaine fupérieure est de 12 pieds , & par conféquent de 8 pieds plus grande que le premier cercle. Suppofons encore un autre cercle , dont le diamétre feroit triple du premier ; favoir , de 81 pouces , le quarré feroit de 72 pouces , (ou 6 pieds ,) & la furface de 36 pieds : or , comme nous en avons déjà compté 16 ; cette derniere chaine feroit donc de 20 pieds ; mais puifque l'autre étoit de 12 pieds , celle-ci est de 8 pieds plus grande.

Si nous fuppofons un cercle dont le diamétre foit 4 fois le premier , ou de 9 pieds , le quarré fera 64 pieds. Or , comme nous en comptions 36 , cette derniere chaine est donc de 28 pieds , & par conféquent plus grande de 8 pieds que la derniere , qui n'étoit que de 20 pieds. Il en est de même à l'infini.

CXI. Il fuit de ces principes , 1o. que tout quarré renferme les élémens d'un cercle , & que tout cercle renferme les élémens d'un quarré ; 2o. qu'ils font compofés de mêmes chaines , avec la feule différence que les unes font circulaires & les autres droites :

30. Il fuit auffi que tout quarré numérique, ou que l'on peut exprimer en nombres, répond à un cercle de même nombre ; mais que fi l'un des deux n'eft point numérique, le correfpondant ne l eft point ; ce qui ne fait rien aux principes ; car fuppofons, par exemple, qu'une furface quarrée renfermât un nombre inconnu, cela n'empêcheroit pas qu'avec un compas, un pied, ou une perche, on ne pût prendre le 8e de fa hauteur, & ajoutant ce 8e, faire le diamétre d'un cercle qui lui feroit égal. De même, quoi qu'un diamétre fut compofé de 100 pieds 1 pouce 3 lignes 7 minutes 4 fecondes, & d'autres fractions qui échaperoient aux yeux, cela n'empêcheroit pas qu'on n'en retranchât un 9e, pour avoir un quarré qui lui fut égal en furface. D'ailleurs, quoique ces petites mefures ne foient point faites pour la main, ni pour les yeux, elles n'en font pas moins concevables à l'efprit. Quoiqu'il n'exifte point de piéce de monnoie qui foit le 10e, le 12e, le 100e d'un denier, on n'en conçoit pas moins la 10e, 12e, 100e, & même la milliéme, ou millionniéme partie d'un denier.

Avant que de donner la folution numérique du probléme fuivant, je rappelle encore au lecteur, que je divife la lieue de 12 en 12 : j'ai déjà fait fentir que les noms ne faifoient rien & ne changeoient point l'être. Il ne doit donc point être furpris que j'appelle la 12e partie d'une lieue un *pouce*.

DIX-HUITIEME PROBLEME.

Trouver la fuperficie de la terre, que l'on fuppofe, fuivant l'idée commune, de 9000 lieues de circonférence.

CXII. Je multiplie d'abord le quart de fa circon-

férence, qui eſt   2250 lieues
par lui-même   2250

                                    0000
                                    11250
                                    4500
                                    4500

ce qui fait   5062500 lieues ;

c'eſt-à-dire 5 millions 62 mille 500 lieues.
à cette ſomme   5062500 lieues
j'ajoute un 8e , ſavoir   632812, 6 p.

ce qui fait enſemble   5695312, 6
j'y ajoute un 8e , ſavoir   711914, 0, 9 lig.

ce qui fait   6407226, 6, 9

c'eſt-à-dire 6 millions 407 mille 226 lieues , plus , 6 douziémes , & trois quarts d'un douziéme , c'eſt la meſure , ou ſurface , du grand cercle. Or , comme la ſuperficie eſt quatre fois le grand cercle , je multiplie ce nombre par 4 , ainſi qu'il ſuit.

    6407225,   6,   9
par   4

25628906,   3,   0

C'eſt donc , dans la ſuppoſition , 25 millions 628 mille 906 lieues un quart , qu'elle a de ſuperficie.

En ſuivant les principes , joints aux leçons des Mathématiciens , on peut trouver ſa ſolidité auſſi aiſément que ſa ſuperficie. Il faudroit trouver ſon diamétre qui eſt , (ſur 9000 lieues de circonférence) 2847 lieues 7 douziémes , plus , 10 douziémes de

douziémes & un demi douziéme ; comme on le voit
dans l'opération fuivante , où l'on ajoute 2 huitiémes
progreffifs à la circonférence : or , le quart de ce produit eft le diamétre cherché.

circonférence	9000
dont le 8e eft	1125

ce qui fait	10125
dont le 8e eft	1265, 7, 6

ce qui fait	11390, 7, 6
dont le quart eft	2847, 7, 10, 6

Ce diamétre étant trouvé , on le multiplieroit par
la furface d'un grand cercle , qui, comme on vient
de le voir , eft de 6407226 lieues, plus, 6, 9. Cette
multiplication donneroit la folidité d'un cylindre de
même diamétre & de même hauteur , dont on prendroit les deux tiers pour avoir la folidité de la terre,
que l'on fuppofe ronde , telle qu'elle puiffe étre.

RECOLLECTION.

CXIII. IL eſt facile maintenant de comprendre la raiſon pour laquelle on ne s'eſt pas ſervi des décimales qui ne permettroient point la diviſion en neuf & en huit, eſſentiellement néceſſaire dans cette découverte.

On voit par ce qui a été dit dans les trois dernieres Sections, qu'il n'eſt point néceſſaire de recourir aux dégrés, ni à la trigonométrie, pour avoir la ſurface des cercles. il n'y a tout au plus que pour les ſecteurs, ou les ſegmens, pris ſéparément.

L'article 19, 20 & 21 font connoître qu'on ne peut ſuppoſer un cercle, ſans le ſuppoſor rond, & l'on voit, par les opérations renfermées dans ce volume, qu'il étoit ridicule de lui ſuppoſer des côtés plats. En effet, ſi le cercle avoit des côtés plats, quelques petits & imperceptibles qu'ils fuſſent, ſeroient-ils au 1er, 2e, 3e 10e ou 20e dégré ? à la premiere ou ſeconde minute ? un cercle n'auroit plus de diamétres, de rayons égaux, ce ne ſeroit plus que des hypoténuſes, des angles, des bâſes & des cotés, &c.

CXIV. En rapprochant les tables des quarrés, (art. 30.) de l'article 110, on voit la même conſtruction radicale dans les cercles, que dans les quarrés & dans les triangles ; il n'y a de différence qu'en ce que ce ſont des *tous* environnés dans des lignes, dont les unes ſont courbes & les autres droites ; c'eſt cette analogie (ou cette eſpéce de ſimilitude) qui n'a jamais été compriſe, ou du moins jamais été expliquée.

On ne trouve dans aucuns des ſyſtémes, rapportés dans la ſeconde Section, le moyen de réduire leurs cercles au quarré ; on trouve ici des moyens faciles, ſoit par la géométrie, ſoit par le calcul, de les réduire tous au quarré, quelle différence ! on voit dans

les uns (art. 47.) des nombres infinis ; dans d'autres
(art. 54.) des erreurs groſſieres ; des inconſéquences
inſuportables (art 55 ;) & tout ce qui eſt de ce ſyſ-
tême eſt lié & ſuivi , rien ne s'y dément. S'il y avoit
erreur , il n'y en auroit qu'une , puiſqu'il n'y a , à
proprement parler , qu'un principe qui ſe dévelope
partout , & s'accommode à tout , & qui rend tout
palpable & ſenſible : s'il y avoit erreur , on pourroit
dire que c'eſt une nuit qui enfante le jour ; puiſque
du premier principe poſé , tout devient lumineux.
Tout s'accorde & ſe correſpond : cercles , ſecteurs ,
ſegmens , diamétres , circonférences , périmétres ,
triangles , quarrés , cylindres , ſpheres , cônes , cubes , pyramides , &c. tous ont des proportions &
une analogie naturelle. On trouve la circonférence
par le diamétre (art. 59.) & de pluſieurs manieres :
la circonférence enſeigne le diamétre (art. 63)

CXV On trouve (art. 69.) le moyen de faire un
quarré égal à quel cercle on veut , & celui de faire
un cercle égal à un quarré : on trouve différentes
maniéres de meſurer un cercle. La meſure au compas , de la circonférence & du diamétre (art. 85.)
Le poids du cercle & du quarré (art. 87.) La meſure
du tour d'un priſme (art. 86.) Le calcul répandu dans
les trois dernieres Sections , tout eſt d'accord , en faut-
il davantage ?

L'article 90 eſt d'ailleurs une vraie démonſtration ,
puiſqu'il y a une vraie & exacte proportion géométrique , continue , entre 50 pouces 6 lignes 9 minutes
9 primes 4 ſecondes , à 64 pouces , & 64 à 81. Il
n'y a point à le nier , puiſque le produit des moyens
eſt égal au produit des extrêmes : car 64 fois 64 (qui
font le produit des moyens) font 4096 , comme les
deux autres nombres , multipliés l'un par l'autre , font
4096 : la preuve eſt donc complete.

CXVI. Que faut-il après cela pour convaincre &
rélever du préjugé ? l'erreur a-t-elle jamais fait voir
des fantômes qui portent tant & de ſi beaux traits de

la réalité ? la prévention a-t-elle jamais enfanté de fi beaux rêves ? Eft-ce moi qui ai fait que trois diamétres, un 7e de diamétre, un 9e du 7e & un 9e du 9e, font une circonférence d'un nombre quarré ? Eft-ce moi qui ai fait, qu'ôtant un 9e du diamétre, il fe forme un quarré moyen, proportionnel géométrique, entre le quarré de la circonférence & le quarré tangent ? Eft-ce moi qui fais que tout fe prête à mes idées, que tout favorife ma fiction, fi c'en étoit une ? L'erreur a-t-elle jamais eu tant d'afcendant fur l'efprit d'un homme qui calcule tout, jufqu'à la millionniéme partie d'un point ? qui nombre tout ? qui péfe tout ? peut-elle féduire un homme qui ne fe fait grace de rien, & qui accorde plus qu'on ne demande ? puifqu'il part d'un point mathématique, en quelque forte au deffous du néant ; puifque c'eft un cercle fouverainement rond, & non pas un cercle qui auroit des *côtes plats*, qu'il mefure ; puifque, dans la fuppofition, il ne laiffe pas la millionniéme partie d'une ligne quarrée à mefurer fur la fuperficie de la terre ; puifqu'il trouve (art. 66.) la circonférence du diamétre le plus difficile, fans mettre *un à-peu-près* de la cent millionniéme partie d'une ligne ?

CXVII. Mais non, c'eft la vérité qui s'eft préfentée à moi ; je l'ai contemplée ; j'ai douté plus que tout autre ; j'ai pris tous les moyens pour n'être point féduit par de faux charmes : c'eft pourquoi j'ai voulu accorder la méchanique, les nombres, les poids, la mefure & les équations enfemble : car, quoique tout ce que j'ai avancé jufques à préfent foit très vrai, très clair, & je crois intelligible ; quoique tout y foit analogue au bon fens ; quoiqu'il n'y ait peut-être jamais eu de fyftéme mieux fuivi, plus concluant, ni mieux d'accord avec lui-même, j'aurois gardé le filence fi je n'avois trouvé que des nombres. Mais la Trifeftion de l'angle agit de concert : la Géométrie, la regle & le compas : des démonftrations mathématiques auffi évidentes qu'il l'eft, que le quarré de la diagonale eſt égal aux quarrés des côtés ; que deux triangles, dont les côtés & les angles ſont égaux, ſont auſſi égaux en ſurface ; qu'un tout, enfin, eſt plus grand que ſa partie, tout s'accorde.

CXVIII. Quand tout les ſavans s'armeroient contre ces vérités, ils n'empécheroient pas l'homme équitable de croire. La place, le nom, la fortune, le crédit, peuvent faire ceſſer de parier : mais rien, (excepté la révélation) ne peut empécher de croire ce que l'on voit, ce que l'on ſent, ce qu'on touche. Un ſimple particulier, un artiſan, un arpenteur, qui, après toutes les précautions, auront meſuré un, ou cent cercles ; qui auront peſé un quarré, ou pluſieurs, & des priſmes, des ſpheres, ou cylindres y correſpondans, & qui verront que tout répond aux rapports cités : des calculateurs qui confronteront un calcul ſimple, qui ne laiſſe jamais de vuide, qui ne réduit jamais à l'impoſſible, avec des calculs abſtraits & infinis qui jettent dans des labyrinthes ténébreux, & qui laiſſent toujours des lacunes à remplir, ſeront fortement perſuadés que la raiſon de la circonférence au diamétre, eſt plus grande que 22 à 7.

Il y a des perſonnes qui ne voient que ce quelles croient ; d'autres ne croient que ce quelles voient : les unes & les autres ſont ſuſceptibles de grands égaremens. Or, puiſque je veux ſervir la ſociété, à qui tout homme eſt redevable ; il convient que je ſatiſfaſſe, ſi je le puis, les unes & les autres. Ainſi, après avoir fait voir par le calcul, & d'autres moyens, la poſſibilité, l'exiſtence & la réalité de la quadrature du cercle, je la rendrai ſenſible par pluſieurs figures tracées ſur le papier. C'eſt ce que j'appelle la Partie géométrique, dont celle-ci, quoique parfaitement la même, pour les proportions, & quoique complete dans ſon genre, n'eſt, pour ainſi dire qu'un eſſai ; car je ne révele point encore ici les plus beaux ſecrets de la découverte.

Les démonſtrations ſenſibles, ou qui ſe font à la

regle & au compas , demandent des figures exactes
& difficiles à faire exécuter ; qui m'auroient jetté dans
une dépenfe confidérable , dont le public , trop fouvent ingrat , ne m'auroit peut-être point tenu compte.
Mais fi je m'apperçois que l'on juge fans paffion ;
que les favans reçoivent favorablement la vérité que
j'ai l'honneur de leur préfenter avec refpect , & fous
la proteftation que je ne cherche à tromper perfonne ;
j'en ferai un volume particulier , dont voici *d-peu-près*
le plan ou Profpectus.

PROSPECTUS

De la Partie Géométrique.

CXIX. JE donnerai trois ou quatre méthodes géométriques pour mefurer la longueur des
lignes circulaires , foit à la regle & au compas , fur
le papier ; foit à la perche , à la toife , ou au pied ,
fur le terrein. Quoique ces méthodes foient étrangé-
res l'une à l'autre , elles s'accordent néanmoins parfaitement entr'elles : elles s'accordent auffi parfaitement avec cette partie arithmétique.

2°. Je ferai voir qu'en tirant deux lignes par certains
points que l'on n'a point de peine à trouver , & qui
font très connus dans le cercle , on trouve fur la tangente la vraie déployée d'une demie circonférence ,
d'un quart , d'un tiers , d'un fixiéme , d'un huitiéme
de circonférence , & de tout arc que l'on voudra ; foit
qu'on fache de combien il eft de dégrés ou non. Cela
eft fi facile qu'on peut l'exécuter fur le terrein fans
aucun des inftrumens de mathématiques. Un jardinier
avec fa bêche & fon cordeau pourroit l'exécuter.

3°. Je ferai connoître un point hors du cercle , ou
au dedans du cercle , duquel fi on fait partir des lignes , comme autant de rayons , ces lignes diviferont
l'arc & la tangente en autant de parties égales cha-

cune à chacune que l'on voudra. Non pas comme les abſciſſes qui partagent toujours également la tangente, (art. 43.) mais qui prennent une plus grande portion de l'arc, à meſure qu'elles s'éloignent du point d'oſculation : non pas, non plus, comme les dégrés qui partagent l'arc également, mais qui diviſent la tangente différemment, à meſure qu'ils s'éloignent du point de contingence. Deux lignes portées de ce point ſur la tangente, renfermeroient autant de cette tangente que l'arc s'il étoit déployé.

Si on tiroit mille lignes de ce point, elles diviſeroient la corde en 1000 parties égales & proportionnelles; elles diviſeroient l'arc & la tangente en 1000 parties tellement égales, que chaque petit arc feroit égal à la partie correſpondante de la tangente. Quand on ſuppoſeroit dix mille & cent mille diviſions, ce feroit toujours la même choſe ; c'eſt par ce moyen que je ferai une démonſtration géométrique, en faiſant voir qu'une premiere diviſion meſure l'arc partiel & la tangente partielle ; que la ſeconde diviſion eſt égale à la premiere ; la troiſiéme à la ſeconde ; la quatriéme à la troiſiéme, &c. qu'ainſi la derniere eſt égale à la premiere, que, par conſéquent, toutes enſemble font la déployée de l'arc total.

4°. Je donnerai ma Triſection d'angle, qui eſt ſimple, & qui eſt encore une conſéquence de mes Principes: non ſeulement je donnerai la triſection, mais la quintriſection, la centiſection, la milliſection, &c. juſqu'à l'imperceptible & l'incalculable. Je donnerai même des moyens de la trouver par le calcul, pourvu qu'on ait la longueur du rayon & celle de la corde, lors même que l'arc n'exiſte pas encore : Cette triſection peut s'exécuter ſur le terrein & ſur l'eau ; elle peut s'exécuter ſans autres inſtrumens qu'un pied, une regle, une toiſe, une perche, &c. ſelon la grandeur de l'arc.

5°. Je ferai auſſi quelques démonſtations mathématiques. Or, voici celles que j'appelle *Mathématiques*.

Comme on démontre que les deux grandes lunules
d'Hypocrates, font égales, prifes enfemble au triangle
infcrit au demi cercle ; je démontrerai que les
fegmens font égaux à certaines parties rectilignes du
cercle, ce qui fe fera par les équations, &c. &c. &c.

Si je n'ai pas le bonheur de mériter une approbation
générale, on ne fauroit du moins me refufer
l'honneur d'être rigoureufement exact, & d'être conféquent
dans mes principes : On doit convenir que
j'entends ce dont eft queftion, & que je poflede mon
fujet. Je n'ai point envie de me tromper ni de me
flatter plus dans la géométrie, que je ne me trompe
en faifant une addition ou une multiplication. On le
verra, fi on me donne lieu de faire part de ce qui me
refte de connoiffances : Mais fi les Savans font fi haut
montés qu'ils ne veuillent jamais defcendre ; s'ils ne
veulent écouter que des perfonnes qualifiées & du
haut rang ; s'ils n'ont plus de goût pour une découverte
qu'auroient adoré les anciens ; je garderai pendant
ma vie un profond & refpectueux filence, & paffant
au tombeau, je remettrai mes petites connoiffances
où je les ai prifes, dans les fources inépuifables
de vérité.

Les perfonnes qui feront l'honneur d'accorder leur
fuffrage : celles qui trouveront quelque chofe à retrancher
ou à ajouter : celles qui auront quelques objections
à faire, font priées d'en faire part à l'Auteur ;
il donnera aux unes des marques de fa reconnoiffance ;
il fe prêtera aux défirs des autres, &, s'il eft poffible,
il réfutera les autres : Mais toutes auront la bonté
d'affranchir leurs lettres. On doit l'excufer dans les
circonftances, de n'en recevoir aucunes que le port
n'en foit payé.

*Son adreffe eft à ...... DURVYE, Curé de la Futelaye,
Diocèfe d'Evreux, par Dreux dans l'Ifle de
France,*

TABLE

De ce qui est contenu dans ce Volume.

PREMIERE SECTION,

SECONDE SECTION.

TABLE.

TROISIEME SECTION. 60

TABLE.

TABLE.

Fin de la Table.

Achevé d'imprimer , pour la premiere fois , au mois de Juillet 1774.

Permis d'imprimer. A Evreux le 3 Mai 1774.
DEDUN D'IREVILLE.

R E V U E

ET CORRECTION DE L'OUVRAGE;

Avec un Errata néceffaire.

S'Il arrive aux Grands Hommes de corriger leurs ouvrages, & d'y ajouter ou diminuer, après une premiere & feconde édition ; il n'eft pas furprenant qu'un Auteur qui ne fe donne point pour un Savant, foit obligé de s'expliquer fur celui-ci, & de le revoir à la fin de la premiere édition : c'eft pourquoi je l'ai repaflé page à page, afin d'en être le premier cenfeur.

Page 4, *ligne* derniere : retient : *lif ʒ* : retiens.

Page 6, *ligne* 3 4 : pour ne trahir jamais : *lijeʒ* : pour ne jamais trahir.

Page 7, *ligne* 9 : défervi : *lifeʒ* : déffervi.

Ibid. On fait peut-être d'autres divifions des points : celle-ci m'a paru la plus naturelle & la plus intelligible. Il m'eft permis d'ignorer quelque *chofe*, qui ne fait rien à mon fujet. J'ai, d'ailleurs, averti dans mon Programme, que j'étois Géométre *naturellement* ; mais comme quelques perfonnes, qui n'entendent peut-être pas le François, l'ont critiqué, je m'en explique clairement. J'entends que je comprends un peu la Géométrie, par les feules lumieres de la raifon, fans la tenir des Maîtres, ni mêmes des livres, que je n'ai encore pu lire qu'en courant.

Page 10, *ligne* 4 : tès : *lifeʒ* : très fin.

Page 11, *ligne* 2 : il n'y a point de figure : *ajouteʒ* : rectiligne.

Ibid Cette figure, ainfi que les autres, ont des traits forts groffiers, parce que l'on a été obligé de parler de loin aux ouvriers, qui n'étant que des Sculpteurs n'ont pu d'ailleurs imiter les planches en taille douce. Au reste, ce ne sont pas les traits dont il est question ici ; il s'agit de la construction & des petitions.

Page 13, il y a erreur à l'*a lin.a* qui commence ainsi.. De même sachant que A B est de 65 pouces, B C de 50, & C A de 65, &c Au reste, cette premiere Section n'est l'ouvrage que que d'un esprit qui voltige, & d'une plume courante : les Savans ont épuisé cette matiere, & leurs ouvrages ne sont pas rares.

Page 14, *ligne* 27 : mêmes : *lisez* : même.

Page 16, *ligne* 16 : l'hypoténuse : *ajoutez* : de l'angle droit, dont les côtés sont égaux

Page 19. C'étoit pour abreger que j'appellois les quatre côtés du quarré circonscrit *quatre tangentes*, qui, selon le langage géométrique, en font huit : savoir que A H en est une ; H C une autre, & ainsi du reste. Je ne m'en expliquois pas mieux, parce que cela me devenoit inutile ; ce n'est que par condescendance pour ceux qui ne veulent quelquefois lire qu'une page, ou même qu'une phrase, pour juger d'un ouvrage que je m'en explique.

Page 21, *ligne* 15 : pointe : *lisez* : leurs pointes.

Ibid. ligne 29 : un : *lisez* une même hypothése.

Page 22, *ligne* 13 : *retranchez* : ne l'on.

Ibid. ligne 23 : de la tangente : *ajoutez* : prise dans le sens que nous l'avons prise.

Page 29 (art. 30) ce que j'appelle ici chaines, s'appelle couronne, par rapport aux cercles ; mais il s'agissoit de trouver un nom commun aux deux espéces.

Page 31, *dernier à linea* : puisque tout triangle est la motié d'un quarré : *lisez* : d'un quadrilatére.

Page 36, *ligne* 15 : unis : *lisez* : unies.

Ibid. ligne 20 : égal au quarré : *lisez* : aux quarrés.

Ibid. La ligne 21 doit être retranchée.

Page 39, *ligne* 17 : quatre cents treiziémes : *lisez* : quatre, cent treiziémes.

Page 46, *ligne* 13 : peut : *lisez* : pourroit.

Page 80 Avant que de passer à l'article 79, on peut

remarquer que pour éviter des fractions, on peut multiplier le diamétre par la circonference, & prendre le quart du produit, qui donnera encore la superficie (ou surface plane) du cercle. Exemple. La circonférence du cercle de 9 pouces est

28 pouces 5 lignes 4 minutes.

qui, multipliés par 9

font 256 pouces 0 0

dont le quart est 64

Page 112 Pour éclaircir ce qui est dit à la ligne quatriéme & suivantes ; il faut faire observer que quand un nombre n'est point quarré, comme 12, 27. 48, & une infinité d'autres ; on ne peut trouver en nombres les côtés d'un quarré qui lui soit égal en surface : il n'est point de mortel qui puisse dire quelle est la vraie racine quarrée de 12, 27, 48, &c. quelque approximation que l'on en puisse faire par les décimales, ou toute autre voie. Or ces nombres, & une infinité d'autres, n'ayant point de racines quarrées, on ne peut trouver un diamétre numérique qui puisse produire ces nombres 12, 27, 48, &c. parce que, si le diamétre est connu en nombres, il produit nécessairement un nombre quarré tel qu'il soit, de pieds, de pouces, de lignes, de minutes, &c.

Page 115 Vers le milieu on peut ajouter ce qui suit, avant l'article 106 Pour trouver une moyenne proportionnelle géométrique entre deux diamétres, il faut les multiplier l'un par l'autre, & chercher la racine quarrée du produit : supposons que le diamétre du bout d'une piéce de bois soit de 8 pouces & l'autre de 4 ; il faudra dire quatre fois 8 font 32, dont la racine quarrée, en se servant des décimales, est 5 pouces 6 dixiémes 5 secondes, & le reste jusqu'à l'infini : d'où il arriveroit qu'il faudroit multiplier ce nombre sur lui-même, & le produit par la longueur de la piéce de bois.

Pareillement pour trouver une moyenne proportionnelle géométrique entre deux circonférences, ou deux périmétres, il faut multiplier l'un par l'autre, & tirer la racine quarrée du produit. Dans l'exemple proposé, le perimétre (ou circuit) d'un bout est 16, & celui de l'autre 32 ; or, 16 fois 32 font 512, dont la racine quarrée est 22, 6 dixiémes 2 centiémes, &c. dont le quart, 5 pouces 6 dixiémes 5 centiémes, est le diamétre moyen géométrique, comme ci-dessus.

Page 118, *ligne* 19 : proportion : *lisez* : proportions gardées.

Remarques *sur les quantités numériques.*

On n'a, peut-être, jamais remarqué que dans les dix chiffres dont on se sert, il n'y en a que six qui puissent terminer un nombre entier quarré ; savoir, 1, 4, 5, 6, 9 & 0. 1 fois 1 est 1 : 9 fois 9 font 81 : 99 fois 99 font 9801 : 8 fois 8 font 64 : 12 fois 12 font 144 : 5 fois 5 font 25 : 45 fois 45 font 2025 : 6 fois 6 font 36 : 24 fois 24 font 576 : 7 fois 7 font 49 : 17 fois 17 font 289 : 10 fois 10 font 100, & 100 fois 100 font 10000. On voit que tous ces quarrés sont terminés par un des chiffres 1, 4, 5, 6, 9 & 0 ; mais quelque nombre quarré que l'on voulût supposer, il s'y trouveroit toujours un de ces chiffres, d'où je conclus avec les Grands Maîtres de l'Art, qu'il est impossible que la diagonale puisse s'exprimer en nombres, quand les côtés du quarré sont des nombres entiers ; car le produit du quarré de la diagonale est double du produit du quarré de l'un des côtés. Or, le produit du quarré d'un côté, tel qu'il soit, ne peut être terminé aux unités que par l'un de ces six chiffres 1, 4, 5, 6, 9 & 0 ; Mais si on double un de ces chiffres, dans quelque nombre qu'ils se trouvent, pour unités, il ne peut s'y trouver que 2, 8, 10, 12, 18 & un 0 seul, qui ne peuvent jamais terminer un quarré : par une juste con-

féquence, on peut conclure qu'un nombre n'eft jamais quarré, quand il eft terminé par un 2 , un 3 ,
un 7 ou un 8.

Autre obfervation.

*Un nombre quarré eft toujours égal au produit de
deux nombres également éloignés de fa racine, plus le
quarré de la différence.* Exemples , 81 eft un quarré
dont la racine eft 9 : or , je prends deux nombres
également éloignés de 9 ; favoir , 1 & 17 , & la différence de 9 à 17 ou de 9 à 1 qui eft 8 , je dis enfuite
1 fois 17 eft 17 , 8 fois 8 font 64 , & ces deux
fommes 17 & 64 font 81. De même je dis 2 fois 16
font 32 ; là différence de 2 à 9 eft 7 ; or, 7 fois 7 font
49 , avec 32 , cela fait encore 81. Je dis encore 3
fois 15 font 45 , la différence de 3 à 9 , ainfi que celle
de 9 à 15 eft 6 , or , 6 fois 6 font 36 , avec 45 , cela
fait encore 81. Je dis auffi 4 fois 14 font 56 ; la différence de 4 à 9 eft 5 , dont le quarré eft 25 , avec
56 , cela fait toujours 81. De même je dis 5 fois 13
font 65 ; la différence de 5 à 9 eft 4 , or , 4 fois 4
font 16 , avec 65 , cela fait 81. Et ainfi de 6 fois 12
& le quarré de 3 : de 7 fois 11 & le quarré de 2 :
de 8 fois 10 & le quarré d'un , qui donneront toujours le nombre quarré 81. Il en eft de même de tous
les nombres quarrés. Le quarré 10000 eft égal au
quarré , dont la racine eft 99 ; favoir , 8901 , plus 1
fois 199. Il eft auffi égal au quarré de 98 ; favoir ,
9604 , plus , 2 fois 198 & le refte jufqu'à la derniere
unité.

Autre Remarque.

Pour connoître la différence d'un quarré en nombres entiers avec fon quarré antérieur, il faut doubler la
racine du moindre & y ajouter 1. Il faut des exemples. 1 fois 1 eft un quarré : il ne différe de 4 , qui
en eft un autre, que de 2 fois 1 , plus 1 , c'eft-à-dire

de 3 : 4 ne différe de 9 que de 2 fois 2 , plus , 1 ; favoir , de 5. 16 ne différe de 9 , que de 2 fois 3 , plus , 1 ; favoir , de 7 100 ne différe de 121 , quarré de 11 , que de 2 fois 10 , plus , 1 ; favoir de 21. Le quarré 10000 ne différe du quarré 9801 , que de 2 fois 99 , plus , 1 , ou 199. Par conféquent , fi à quelque nombre quarré que ce foit , on ajoute deux fois fa racine , & un de plus , il en réfulte une fomme quarrée. Exemple non cherché , 19 fois 19 font 361 , ajoutez

y une racine   19

plus , une feconde racine   19

plus ,   1

---

cela produira   400 qui eft un nombre quarré.

Par une conféquence oppofée ; de tout nombre quarré ôtez deux de fes racines , moins un , vous aurez un nombre quarré : ôtez , par exemple , de 100 deux fois fa racine 10 moins 1 ; favoir 19 , il reftera 81. Otez de 81 , 2 fois 9 , moins 1 ; favoir , 17 , il reftera 64 , & ainfi du refte pour toutes fortes de nombres quarrés.

Voilà , jufques à préfent , ce que je puis mettre au jour & dire de mieux. Si je fuis dans l'erreur , qu'on me la démontre ; finon , je prends le monde vivant , & tous les hommes à naître , à témoins , que c'eft la vérité que j'ai enfeignée.

Dernier Avertiffement.

Comme il pouroit arriver que par intérêt , ou à mauvaife intention , on vînt à contrefaire cet ouvrage ; afin que le public ne foit point trompé , j'ai pris le parti de figner tous les Exemplaires ; ainfi , tous ceux qui ne feront point fignés de ma main aux bas de la premiére Page , feront réputés faux. Ma fignature ordinaire eft telle qu'on la trouvera fur cette Partie.

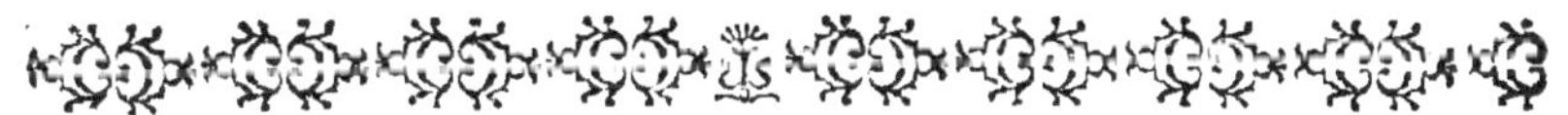

QUadrature du cercle, ô quelle deſtinée !
On te réputa folle avant que d'être née,
Toi la Mere des Arts, Reine que nos Aieux,
Invoquoient pour trouver la meſure des Cieux :
Secret que vainement cherchoit le ſage Euclide,
Qu'Archiméde ignoroit, & qu'enſeigne un Druide :
Tels ſont les grands tréſors cachés ſous un rocher,
Que l'Art ne trouve point, qu'on trouve ſans chercher.
Qui les cherche eſt un fou, mais qui les trouve eſt ſage :
La gloire eſt de ſavoir en faire un bon uſage ;
L'or ne doit point reſter inutile en nos mains :
L'Art à l'homme eſt donné pour ſervir les humains.
Pars donc, rien ne t'arrête, invention ſublime,
Mérite du Savant le ſuffrage & l'eſtime,
Conſerve mon honneur & répare le tien,
Notre ſort eſt commun, ton bonheur eſt le mien.
Annonce à mes Lecteurs qu'au jour de ta naiſſance,
LOUIS, un autre AUGUSTE, a régné ſur la France.
Si ce jour aux François parut le plus fâcheux, *
L'Etre qui veille à tout, en fit le plus heureux :
Célébre les Héros de la Géométrie,
Les Sages ſont en Cour & dans l'Académie :
Eterniſe leurs Noms ; mais dis, parlant de moi,
Que ma deviſe eſt, Dieu, ma Patrie & mon Roi.

---

* Cet Ouvrage a été donné à l'Imprimeur & commencé le jour même auquel Dieu frappa la France d'une main & eſſuya ſes larmes de l'autre : ainſi
on peut le regarder comme le premier ouvrage du Glorieux Regne de LOUIS
XVI. Faſſe le Ciel que ſon Nom ne s'efface pas plus de la memoire des François, que celui de ce Héros.